Times Table Challenge

Written by Eddy Krajcar and Lisa Tiivel
Published by World Teachers Press®

Printed in the United States of America.

This book is printed on recycled paper.

Order Number 2-5097
ISBN 978-1-58324-019-9

N O P Q R 15 14 13 12 11

Didax

AEP
The Association of Educational Publishers

395 Main Street
Rowley, MA 01969
www.didax.com

Foreword

Instead of doing repetitive recitations and playing games in class—where the majority of students are waiting for their turn—try *Times Table Challenge* and include the whole class simultaneously.

Times Table Challenge is highly motivational and fun for students of all ages. Students will actually want to learn and improve on their times tables. This concept has been successfully tried and tested.

The original idea was conceived by Colin Harris. Try it and see your students' enthusiasm and learning grow.

Contents

Focus Series

Challenger Series

TIMES TABLE

Teachers Notes

1. Photocopy

Pages contain double copies of the same focus to save photocopying. You will need to copy only one page for every two students, cutting your photocopying requirements in half.

2. How to Use

The *Focus Series* is designed to focus on the tables listed at the top of each page. For example, this level focuses on tables 0, 1, and 2.

Strategy 1

All students begin at the beginning of the *Focus Series* on Level A and work their way through to Level T.

Strategy 2

Choose a particular focus you wish to reinforce. For example, six and seven times tables. You could use this focus for one or more sessions.

The *Challenger Series* can be used once a week or every two weeks to provide students with a different challenge. All students begin at Level AA and work their way through to Level II. The *Challenger Series* is a mixture of all times tables which becomes progressively more difficult at each new level.

3. Timing

Allow the students three minutes to do their fifty problems.

It is recommended that *Times Table Challenge* be used daily, or as you feel necessary. Below is an example of a timetable.

Week One				
Monday	**Tuesday**	**Wednesday**	**Thursday**	**Friday**
Focus Series – Level A	Focus Series – Level A or B	Focus Series – Level A, B, or C	Focus Series – Level A, B, C, or D	Challenger Series – Level AA

4. Correcting

Students can correct each others answers as you call them out. Answers are available on pages 39 and 40.

Students count the number correct and record the score out of fifty at the bottom of the page.

For those students who are struggling with their tables, circle the tables which are causing the most concern, so students can direct their learning.

You may want to occasionally collect the students' sheets to check the accuracy of correcting.

CHALLENGE

Teachers Notes

5. Recording

Record students' scores on the appropriate record sheet. *Focus Series Record Sheet* is on page 7 and *Challenger Series Record Sheet* is on page 8. Write the date at the top of a new column and include the level and score of each child attending that lesson.

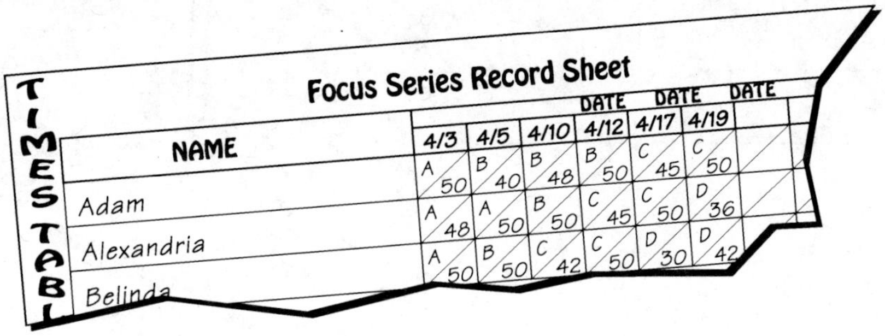

Focus Series Record Sheet

NAME	4/3	4/5	4/10	DATE 4/12	DATE 4/17	DATE 4/19	
Adam	A 50	B 40	B 48	B 50	C 45	C 50	
Alexandria	A 48	A 50	B 50	C 45	C 50	D 36	
Belinda	A 50	B 50	C 42	C 50	D 30	D 42	

Students scoring fifty out of fifty can be written on The 50 club sheet, available on page 6. This sheet could be displayed on a bulletin board in the classroom.

We recommend you renew The 50 club sheet at the beginning of each new week.

6. Rewards

If, by the end of the week, students have their name recorded on The 50 club sheet, they are entitled to receive a Certificate, available on page 9, to recognize their achievement.

7. Moving On

As students receive fifty out of fifty in level A, for example, they will be able to move to level B for the next lesson.

The students who do not receive fifty out of fifty for level A, will need to remain on level A until they achieve fifty out of fifty.

This will not be an appropriate strategy for students who struggle with tables. For these students, it is recommended they have three attempts on each level. If unsuccessful after three attempts, it is suggested to alter the task by either increasing the time or reducing the number of tables expected to be completed. This will help to provide the student with some level of success and encourage further interest in the task at hand. Discretion will be needed to ensure children are able to cope with the set tasks.

8. Homework

For those students having difficulty or wanting to improve further—give them copies of *Times Table Challenge* to do at home.

The 50 Club

1. __________
2. __________
3. __________
4. __________
5. __________
6. __________
7. __________
8. __________
9. __________
10. __________
11. __________

Week: __________

12. __________
13. __________
14. __________
15. __________
16. __________
17. __________
18. __________
19. __________
20. __________
21. __________
22. __________
23. __________

24. __________
25. __________
26. __________
27. __________
28. __________
29. __________
30. __________
31. __________
32. __________
33. __________

TIMES TABLE

Focus Series Record Sheet

NAME				DATE	DATE	DATE				

CHALLENGE

TIMES TABLE

Challenger Series Record Sheet

NAME				DATE	DATE	DATE				

CHALLENGE

Certificate

Congratulations!

Name: ______________________________

Your next challenge awaits you!

Signature ____________________ **Date** ________________

Certificate

Congratulations!

Name: ______________________________

Your next challenge awaits you!

Signature ____________________ **Date** ________________

FOCUS

Date: ____________

Name: ____________

Level A **Focus: 0 – 2**

1. 4 x 1 = ____
2. 2 x 0 = ____
3. 8 x 1 = ____
4. 3 x 2 = ____
5. 1 x 10 = ____
6. 6 x 1 = ____
7. 2 x 5 = ____
8. 7 x 2 = ____
9. 1 x 5 = ____
10. 2 x 10 = ____
11. 1 x 6 = ____
12. 2 x 4 = ____
13. 9 x 1 = ____
14. 2 x 2 = ____
15. 6 x 2 = ____
16. 7 x 1 = ____
17. 9 x 2 = ____
18. 1 x 1 = ____
19. 2 x 1 = ____
20. 8 x 2 = ____
21. 4 x 2 = ____
22 1 x 0 = ____
23. 1 x 4 = ____
24. 2 x 3 = ____
25. 2 x 7 = ____
26. 11 x 1 = ____
27. 2 x 9 = ____
28. 0 x 2 = ____
29. 2 x 11 = ____
30. 1 x 7 = ____
31. 12 x 1 = ____
32. 12 x 2 = ____
33. 0 x 8 = ____
34. 2 x 8 = ____
35. 0 x 1 = ____
36. 1 x 11 = ____
37. 5 x 2 = ____
38. 11 x 2 = ____
39. 0 x 5 = ____
40. 1 x 3 = ____
41. 1 x 9 = ____
42. 12 x 1 = ____
43. 1 x 8 = ____
44. 10 x 1 = ____
45. 3 x 1 = ____
46. 1 x 2 = ____
47. 12 x 0 = ____
48. 10 x 2 = ____
49. 2 x 6 = ____
50. 2 x 12 = ____

Your Score: ____________

SERIES

FOCUS

Date: ____________

Name: ____________

Level A **Focus: 0 – 2**

1. 4 x 1 = ____
2. 2 x 0 = ____
3. 8 x 1 = ____
4. 3 x 2 = ____
5. 1 x 10 = ____
6. 6 x 1 = ____
7. 2 x 5 = ____
8. 7 x 2 = ____
9. 1 x 5 = ____
10. 2 x 10 = ____
11. 1 x 6 = ____
12. 2 x 4 = ____
13. 9 x 1 = ____
14. 2 x 2 = ____
15. 6 x 2 = ____
16. 7 x 1 = ____
17. 9 x 2 = ____
18. 1 x 1 = ____
19. 2 x 1 = ____
20. 8 x 2 = ____
21. 4 x 2 = ____
22 1 x 0 = ____
23. 1 x 4 = ____
24. 2 x 3 = ____
25. 2 x 7 = ____
26. 11 x 1 = ____
27. 2 x 9 = ____
28. 0 x 2 = ____
29. 2 x 11 = ____
30. 1 x 7 = ____
31. 12 x 1 = ____
32. 12 x 2 = ____
33. 0 x 8 = ____
34. 2 x 8 = ____
35. 0 x 1 = ____
36. 1 x 11 = ____
37. 5 x 2 = ____
38. 11 x 2 = ____
39. 0 x 5 = ____
40. 1 x 3 = ____
41. 1 x 9 = ____
42. 12 x 1 = ____
43. 1 x 8 = ____
44. 10 x 1 = ____
45. 3 x 1 = ____
46. 1 x 2 = ____
47. 12 x 0 = ____
48. 10 x 2 = ____
49. 2 x 6 = ____
50. 2 x 12 = ____

Your Score: ____________

SERIES

TIMES TABLE CHALLENGE – © World Teachers Press® – 10

FOCUS

Date: ______________

Name: ______________

Level B **Focus: 2, 3**

1.	2 X 2 = ____	26.	3 X 8 = ____
2.	3 X 0 = ____	27.	8 X 2 = ____
3.	10 X 2 = ____	28.	3 X 9 = ____
4.	1 X 3 = ____	29.	9 X 2 = ____
5.	2 X 0 = ____	30.	5 X 3 = ____
6.	1 X 2 = ____	31.	7 X 2 = ____
7.	3 X 2 = ____	32.	2 X 10 = ____
8.	2 X 5 = ____	33.	11 X 3 = ____
9.	2 X 4 = ____	34.	7 X 3 = ____
10.	10 X 3 = ____	35.	3 X 10 = ____
11.	3 X 3 = ____	36.	5 X 2 = ____
12.	2 X 6 = ____	37.	2 X 9 = ____
13.	0 X 2 = ____	38.	4 X 3 = ____
14.	6 X 2 = ____	39.	3 X 11 = ____
15.	4 x 2 = ____	40.	8 X 3 = ____
16.	2 X 8 = ____	41.	0 X 3 = ____
17.	2 X 12 = ____	42.	2 x 11 = ____
18.	3 X 4 = ____	43.	12 X 2 = ____
19.	3 X 5 = ____	44.	2 X 1 = ____
20.	6 X 3 = ____	45.	2 x 3 = ____
21.	2 X 3 = ____	46.	12 X 3 = ____
22	2 X 7 = ____	47.	12 X 2 = ____
23.	3 X 7 = ____	48.	11 x 2 = ____
24.	9 X 3 = ____	49.	3 X 12 = ____
25.	3 X 6 = ____	50.	3 X 1 = ____

SERIES

Your Score: ______________

FOCUS

Date: ______________

Name: ______________

Level B **Focus: 2, 3**

1.	2 X 2 = ____	26.	3 X 8 = ____
2.	3 X 0 = ____	27.	8 X 2 = ____
3.	10 X 2 = ____	28.	3 X 9 = ____
4.	1 X 3 = ____	29.	9 X 2 = ____
5.	2 X 0 = ____	30.	5 X 3 = ____
6.	1 X 2 = ____	31.	7 X 2 = ____
7.	3 X 2 = ____	32.	2 X 10 = ____
8.	2 X 5 = ____	33.	11 X 3 = ____
9.	2 X 4 = ____	34.	7 X 3 = ____
10.	10 X 3 = ____	35.	3 X 10 = ____
11.	3 X 3 = ____	36.	5 X 2 = ____
12.	2 X 6 = ____	37.	2 X 9 = ____
13.	0 X 2 = ____	38.	4 X 3 = ____
14.	6 X 2 = ____	39.	3 X 11 = ____
15.	4 x 2 = ____	40.	8 X 3 = ____
16.	2 X 8 = ____	41.	0 X 3 = ____
17.	2 X 12 = ____	42.	2 x 11 = ____
18.	3 X 4 = ____	43.	12 X 2 = ____
19.	3 X 5 = ____	44.	2 X 1 = ____
20.	6 X 3 = ____	45.	2 x 3 = ____
21.	2 X 3 = ____	46.	12 X 3 = ____
22	2 X 7 = ____	47.	12 X 2 = ____
23.	3 X 7 = ____	48.	11 x 2 = ____
24.	9 X 3 = ____	49.	3 X 12 = ____
25.	3 X 6 = ____	50.	3 X 1 = ____

SERIES

Your Score: ______________

TIMES TABLE CHALLENGE – © World Teachers Press® – 11

FOCUS

Date: ______________

Name: ______________

Level C **Focus: 3, 4**

1.	3 X 3 = ____	26.	3 X 11 = ____
2.	3 X 1 = ____	27.	4 X 0 = ____
3.	4 X 3 = ____	28.	11 X 4 = ____
4.	4 X 2 = ____	29.	12 X 3 = ____
5.	3 X 2 = ____	30.	3 X 8 = ____
6.	4 X 10 = ____	31.	3 X 9 = ____
7.	5 X 3 = ____	32.	4 X 9 = ____
8.	1 X 4 = ____	33.	3 X 0 = ____
9.	10 X 3 = ____	34.	2 X 4 = ____
10.	5 X 4 = ____	35.	2 X 3 = ____
11.	3 X 4 = ____	36.	0 X 4 = ____
12.	6 X 3 = ____	37.	10 X 4 = ____
13.	4 X 4 = ____	38.	4 X 12 = ____
14.	7 X 3 = ____	39.	3 X 12 = ____
15.	4 x 6 = ____	40.	4 X 11 = ____
16.	9 X 3 = ____	41.	6 X 4 = ____
17.	7 X 4 = ____	42.	3 X 10 = ____
18.	8 X 3 = ____	43.	4 X 1 = ____
19.	9 X 4 = ____	44.	0 X 3 = ____
20.	3 X 7 = ____	45.	12 x 4 = ____
21.	8 X 4 = ____	46.	4 X 7 = ____
22	4 X 5 = ____	47.	11 X 3 = ____
23.	3 X 5 = ____	48.	1 X 3 = ____
24.	3 X 6 = ____	49.	4 X 12 = ____
25.	4 X 8 = ____	50.	12 X 3 = ____

Your Score: ______________

SERIES

FOCUS

Date: ______________

Name: ______________

Level C **Focus: 3, 4**

1.	3 X 3 = ____	26.	3 X 11 = ____
2.	3 X 1 = ____	27.	4 X 0 = ____
3.	4 X 3 = ____	28.	11 X 4 = ____
4.	4 X 2 = ____	29.	12 X 3 = ____
5.	3 X 2 = ____	30.	3 X 8 = ____
6.	4 X 10 = ____	31.	3 X 9 = ____
7.	5 X 3 = ____	32.	4 X 9 = ____
8.	1 X 4 = ____	33.	3 X 0 = ____
9.	10 X 3 = ____	34.	2 X 4 = ____
10.	5 X 4 = ____	35.	2 X 3 = ____
11.	3 X 4 = ____	36.	0 X 4 = ____
12.	6 X 3 = ____	37.	10 X 4 = ____
13.	4 X 4 = ____	38.	4 X 12 = ____
14.	7 X 3 = ____	39.	3 X 12 = ____
15.	4 x 6 = ____	40.	4 X 11 = ____
16.	9 X 3 = ____	41.	6 X 4 = ____
17.	7 X 4 = ____	42.	3 X 10 = ____
18.	8 X 3 = ____	43.	4 X 1 = ____
19.	9 X 4 = ____	44.	0 X 3 = ____
20.	3 X 7 = ____	45.	12 x 4 = ____
21.	8 X 4 = ____	46.	4 X 7 = ____
22	4 X 5 = ____	47.	11 X 3 = ____
23.	3 X 5 = ____	48.	1 X 3 = ____
24.	3 X 6 = ____	49.	4 X 12 = ____
25.	4 X 8 = ____	50.	12 X 3 = ____

Your Score: ______________

SERIES

FOCUS

Date: ____________

Name: ____________

Level D | Focus: 0 – 4

1. 7 x 2 = ____	26. 5 x 3 = ____
2. 2 x 10 = ____	27. 4 X 5 = ____
3. 3 x 0 = ____	28. 6 x 2 = ____
4. 2 x 5 = ____	29. 10 x 2 = ____
5. 2 X 2 = ____	30. 3 X 11 = ____
6. 10 x 1 = ____	31. 4 x 0 = ____
7. 3 X 3 = ____	32. 2 x 1 = ____
8. 4 x 2 = ____	33. 2 x 3 = ____
9. 7 x 3 = ____	34. 12 X 4 = ____
10. 10 X 4 = ____	35. 4 x 11 = ____
11. 6 x 3 = ____	36. 2 x 11 = ____
12. 4 x 4 = ____	37. 3 x 12 = ____
13. 3 x 8 = ____	38. 4 X 6 = ____
14. 9 x 2 = ____	39. 4 x 3 = ____
15. 3 x 4 = ____	40. 2 x 0 = ____
16. 6 x 4 = ____	41. 2 x 2 = ____
17. 4 x 8 = ____	42. 8 x 4 = ____
18. 3 x 1 = ____	43. 1 x 1 = ____
19. 4 x 2 = ____	44. 2 x 12 = ____
20. 10 x 3 = ____	45. 11 x 1 = ____
21. 8 x 2 = ____	46. 9 x 3 = ____
22 7 x 4 = ____	47. 4 x 9 = ____
23. 3 X 9 = ____	48. 11 x 2 = ____
24. 2 x 7 = ____	49. 3 x 7 = ____
25. 8 x 1 = ____	50. 2 X 8 = ____

Your Score: ____________

SERIES

FOCUS

Date: ____________

Name: ____________

Level D | Focus: 0 – 4

1. 7 x 2 = ____	26. 5 x 3 = ____
2. 2 x 10 = ____	27. 4 X 5 = ____
3. 3 x 0 = ____	28. 6 x 2 = ____
4. 2 x 5 = ____	29. 10 x 2 = ____
5. 2 X 2 = ____	30. 3 X 11 = ____
6. 10 x 1 = ____	31. 4 x 0 = ____
7. 3 X 3 = ____	32. 2 x 1 = ____
8. 4 x 2 = ____	33. 2 x 3 = ____
9. 7 x 3 = ____	34. 12 X 4 = ____
10. 10 X 4 = ____	35. 4 x 11 = ____
11. 6 x 3 = ____	36. 2 x 11 = ____
12. 4 x 4 = ____	37. 3 x 12 = ____
13. 3 x 8 = ____	38. 4 X 6 = ____
14. 9 x 2 = ____	39. 4 x 3 = ____
15. 3 x 4 = ____	40. 2 x 0 = ____
16. 6 x 4 = ____	41. 2 x 2 = ____
17. 4 x 8 = ____	42. 8 x 4 = ____
18. 3 x 1 = ____	43. 1 x 1 = ____
19. 4 x 2 = ____	44. 2 x 12 = ____
20. 10 x 3 = ____	45. 11 x 1 = ____
21. 8 x 2 = ____	46. 9 x 3 = ____
22 7 x 4 = ____	47. 4 x 9 = ____
23. 3 X 9 = ____	48. 11 x 2 = ____
24. 2 x 7 = ____	49. 3 x 7 = ____
25. 8 x 1 = ____	50. 2 X 8 = ____

Your Score: ____________

SERIES

TIMES TABLE CHALLENGE – © World Teachers Press® – 13

FOCUS

Date: ____________

Name: ____________

Level E — Focus: 4, 5

1. 4 x 2 = ____	26. 11 x 4 = ____
2. 5 x 0 = ____	27. 5 x 8 = ____
3. 2 x 5 = ____	28. 5 x 11 = ____
4. 4 x 5 = ____	29. 0 x 4 = ____
5. 4 x 3 = ____	30. 3 X 4 = ____
6. 10 x 4 = ____	31. 5 x 3 = ____
7. 5 x 6 = ____	32. 4 x 9 = ____
8. 3 x 5 = ____	33. 12 x 4 = ____
9. 4 x 1 = ____	34. 4 x 10 = ____
10. 10 X 5 = ____	35. 5 x 10 = ____
11. 7 x 5 = ____	36. 12 x 5 = ____
12. 4 x 4 = ____	37. 1 x 4 = ____
13. 6 x 4 = ____	38. 5 x 1 = ____
14. 5 x 5 = ____	39. 5 x 7 = ____
15. 8 x 5 = ____	40. 4 x 0 = ____
16. 4 x 7 = ____	41. 4 x 12 = ____
17. 5 x 9 = ____	42. 6 x 5 = ____
18. 1 x 5 = ____	43. 11 x 5 = ____
19. 9 x 4 = ____	44. 4 x 11 = ____
20. 5 x 4 = ____	45. 5 x 12 = ____
21. 7 x 4 = ____	46. 10 x 5 = ____
22 9 x 5 = ____	47. 8 x 4 = ____
23. 4 x 8 = ____	48. 5 x 2 = ____
24. 12 x 5 = ____	49. 0 x 5 = ____
25. 2 x 4 = ____	50. 4 x 6 = ____

Your Score: ____________

SERIES

FOCUS

Date: ____________

Name: ____________

Level E — Focus: 4, 5

1. 4 x 2 = ____ 26. 11 x 4 = ____
2. 5 x 0 = ____ 27. 5 x 8 = ____
3. 2 x 5 = ____ 28. 5 x 11 = ____
4. 4 x 5 = ____ 29. 0 x 4 = ____
5. 4 x 3 = ____ 30. 3 X 4 = ____
6. 10 x 4 = ____ 31. 5 x 3 = ____
7. 5 x 6 = ____ 32. 4 x 9 = ____
8. 3 x 5 = ____ 33. 12 x 4 = ____
9. 4 x 1 = ____ 34. 4 x 10 = ____
10. 10 X 5 = ____ 35. 5 x 10 = ____
11. 7 x 5 = ____ 36. 12 x 5 = ____
12. 4 x 4 = ____ 37. 1 x 4 = ____
13. 6 x 4 = ____ 38. 5 x 1 = ____
14. 5 x 5 = ____ 39. 5 x 7 = ____
15. 8 x 5 = ____ 40. 4 x 0 = ____
16. 4 x 7 = ____ 41. 4 x 12 = ____
17. 5 x 9 = ____ 42. 6 x 5 = ____
18. 1 x 5 = ____ 43. 11 x 5 = ____
19. 9 x 4 = ____ 44. 4 x 11 = ____
20. 5 x 4 = ____ 45. 5 x 12 = ____
21. 7 x 4 = ____ 46. 10 x 5 = ____
22 9 x 5 = ____ 47. 8 x 4 = ____
23. 4 x 8 = ____ 48. 5 x 2 = ____
24. 12 x 5 = ____ 49. 0 x 5 = ____
25. 2 x 4 = ____ 50. 4 x 6 = ____

Your Score: ____________

SERIES

TIMES TABLE CHALLENGE – © World Teachers Press® – 14

FOCUS

Date: ____________

Name: ____________

Level F | Focus: 0 – 5

1.	2 x 6 = ____	26.	4 x 11 = ____
2.	3 x 1 = ____	27.	10 x 2 = ____
3.	5 x 0 = ____	28.	5 x 9 = ____
4.	3 x 2 = ____	29.	4 x 2 = ____
5.	2 x 7 = ____	30.	12 x 5 = ____
6.	9 x 1 = ____	31.	2 x 12 = ____
7.	3 x 4 = ____	32.	11 x 2 = ____
8.	5 x 5 = ____	33.	3 x 8 = ____
9.	10 x 5 = ____	34.	4 x 3 = ____
10.	3 x 9 = ____	35.	12 x 4 = ____
11.	10 x 3 = ____	36.	1 x 9 = ____
12.	4 x 4 = ____	37.	12 x 3 = ____
13.	2 x 1 = ____	38.	11 x 5 = ____
14.	5 x 2 = ____	39.	3 x 6 = ____
15.	2 x 8 = ____	40.	5 x 4 = ____
16.	8 x 3 = ____	41.	9 x 4 = ____
17.	4 x 5 = ____	42.	0 x 4 = ____
18.	3 x 7 = ____	43.	8 x 4 = ____
19.	6 x 2 = ____	44.	3 x 9 = ____
20.	7 x 1 = ____	45.	10 x 4 = ____
21.	9 x 2 = ____	46.	2 x 2 = ____
22	5 x 8 = ____	47.	1 x 5 = ____
23.	3 x 5 = ____	48.	12 x 3 = ____
24.	6 x 3 = ____	49.	4 x 7 = ____
25.	7 x 4 = ____	50.	6 x 5 = ____

Your Score: ____________

SERIES

FOCUS

Date: ____________

Name: ____________

Level F | Focus: 0 – 5

1.	2 x 6 = ____	26.	4 x 11 = ____
2.	3 x 1 = ____	27.	10 x 2 = ____
3.	5 x 0 = ____	28.	5 x 9 = ____
4.	3 x 2 = ____	29.	4 x 2 = ____
5.	2 x 7 = ____	30.	12 x 5 = ____
6.	9 x 1 = ____	31.	2 x 12 = ____
7.	3 x 4 = ____	32.	11 x 2 = ____
8.	5 x 5 = ____	33.	3 x 8 = ____
9.	10 x 5 = ____	34.	4 x 3 = ____
10.	3 x 9 = ____	35.	12 x 4 = ____
11.	10 x 3 = ____	36.	1 x 9 = ____
12.	4 x 4 = ____	37.	12 x 3 = ____
13.	2 x 1 = ____	38.	11 x 5 = ____
14.	5 x 2 = ____	39.	3 x 6 = ____
15.	2 x 8 = ____	40.	5 x 4 = ____
16.	8 x 3 = ____	41.	9 x 4 = ____
17.	4 x 5 = ____	42.	0 x 4 = ____
18.	3 x 7 = ____	43.	8 x 4 = ____
19.	6 x 2 = ____	44.	3 x 9 = ____
20.	7 x 1 = ____	45.	10 x 4 = ____
21.	9 x 2 = ____	46.	2 x 2 = ____
22	5 x 8 = ____	47.	1 x 5 = ____
23.	3 x 5 = ____	48.	12 x 3 = ____
24.	6 x 3 = ____	49.	4 x 7 = ____
25.	7 x 4 = ____	50.	6 x 5 = ____

Your Score: ____________

SERIES

TIMES TABLE CHALLENGE – © World Teachers Press® – 15

FOCUS

Date: ____________

Name: ____________

Level G **Focus: 5, 6**

1.	2 x 6 = ____	26.	11 x 5 = ____
2.	6 x 0 = ____	27.	6 x 2 = ____
3.	4 x 5 = ____	28.	6 x 5 = ____
4.	6 x 3 = ____	29.	5 x 4 = ____
5.	5 x 2 = ____	30.	8 x 5 = ____
6.	6 x 1 = ____	31.	11 x 6 = ____
7.	5 x 3 = ____	32.	12 x 6 = ____
8.	6 x 4 = ____	33.	2 x 5 = ____
9.	5 x 8 = ____	34.	10 x 6 = ____
10.	5 x 6 = ____	35.	6 x 8 = ____
11.	10 x 5 = ____	36.	0 x 5 = ____
12.	5 x 11 = ____	37.	9 x 6 = ____
13.	1 x 6 = ____	38.	5 x 10 = ____
14.	7 x 5 = ____	39.	5 x 1 = ____
15.	5 x 5 = ____	40.	5 x 12 = ____
16.	6 x 6 = ____	41.	5 x 9 = ____
17.	9 x 5 = ____	42.	5 x 7 = ____
18.	8 x 6 = ____	43.	6 x 11 = ____
19.	1 x 5 = ____	44.	0 x 6 = ____
20.	5 x 0 = ____	45.	6 x 12 = ____
21.	6 x 9 = ____	46.	6 x 7 = ____
22	6 x 10 = ____	47.	3 x 5 = ____
23.	7 x 6 = ____	48.	4 x 6 = ____
24.	4 x 6 = ____	49.	6 x 7 = ____
25.	3 x 6 = ____	50.	12 x 5 = ____

SERIES

Your Score: ____________

FOCUS

Date: ____________

Name: ____________

Level G Focus: 5, 6

1. 2 x 6 = ____ 26. 11 x 5 = ____
2. 6 x 0 = ____ 27. 6 x 2 = ____
3. 4 x 5 = ____ 28. 6 x 5 = ____
4. 6 x 3 = ____ 29. 5 x 4 = ____
5. 5 x 2 = ____ 30. 8 x 5 = ____
6. 6 x 1 = ____ 31. 11 x 6 = ____
7. 5 x 3 = ____ 32. 12 x 6 = ____
8. 6 x 4 = ____ 33. 2 x 5 = ____
9. 5 x 8 = ____ 34. 10 x 6 = ____
10. 5 x 6 = ____ 35. 6 x 8 = ____
11. 10 x 5 = ____ 36. 0 x 5 = ____
12. 5 x 11 = ____ 37. 9 x 6 = ____
13. 1 x 6 = ____ 38. 5 x 10 = ____
14. 7 x 5 = ____ 39. 5 x 1 = ____
15. 5 x 5 = ____ 40. 5 x 12 = ____
16. 6 x 6 = ____ 41. 5 x 9 = ____
17. 9 x 5 = ____ 42. 5 x 7 = ____
18. 8 x 6 = ____ 43. 6 x 11 = ____
19. 1 x 5 = ____ 44. 0 x 6 = ____
20. 5 x 0 = ____ 45. 6 x 12 = ____
21. 6 x 9 = ____ 46. 6 x 7 = ____
22 6 x 10 = ____ 47. 3 x 5 = ____
23. 7 x 6 = ____ 48. 4 x 6 = ____
24. 4 x 6 = ____ 49. 6 x 7 = ____
25. 3 x 6 = ____ 50. 12 x 5 = ____

SERIES

Your Score: ____________

TIMES TABLE CHALLENGE – © World Teachers Press® – 16

FOCUS

Date: ____________

Name: ____________

Level H **Focus: 0 – 6**

1.	4 x 1 = ____	26.	5 x 8 = ____
2.	3 x 3 = ____	27.	8 x 2 = ____
3.	1 x 8 = ____	28.	6 x 0 = ____
4.	5 x 0 = ____	29.	11 x 4 = ____
5.	7 x 2 = ____	30.	3 x 8 = ____
6.	4 x 3 = ____	31.	12 x 4 = ____
7.	3 x 5 = ____	32.	7 x 3 = ____
8.	5 x 2 = ____	33.	4 x 6 = ____
9.	2 x 9 = ____	34.	5 x 7 = ____
10.	4 x 2 = ____	35.	12 x 6 = ____
11.	5 x 6 = ____	36.	3 x 4 = ____
12.	4 x 6 = ____	37.	8 x 6 = ____
13.	10 x 3 = ____	38.	6 x 9 = ____
14.	6 x 6 = ____	39.	4 x 7 = ____
15.	3 x 2 = ____	40.	10 x 5 = ____
16.	4 x 4 = ____	41.	9 x 4 = ____
17.	10 x 4 = ____	42.	11 x 3 = ____
18.	3 x 9 = ____	43.	8 x 4 = ____
19.	6 x 7 = ____	44.	1 x 3 = ____
20.	7 x 4 = ____	45.	12 x 5 = ____
21.	3 x 7 = ____	46.	6 x 3 = ____
22	4 x 8 = ____	47.	5 x 11 = ____
23.	2 x 12 = ____	48.	2 x 2 = ____
24.	9 x 6 = ____	49.	12 x 3 = ____
25.	3 x 6 = ____	50.	7 x 6 = ____

SERIES

Your Score: ____________

FOCUS

Date: ____________

Name: ____________

Level H **Focus: 0 – 6**

1.	4 x 1 = ____	26.	5 x 8 = ____
2.	3 x 3 = ____	27.	8 x 2 = ____
3.	1 x 8 = ____	28.	6 x 0 = ____
4.	5 x 0 = ____	29.	11 x 4 = ____
5.	7 x 2 = ____	30.	3 x 8 = ____
6.	4 x 3 = ____	31.	12 x 4 = ____
7.	3 x 5 = ____	32.	7 x 3 = ____
8.	5 x 2 = ____	33.	4 x 6 = ____
9.	2 x 9 = ____	34.	5 x 7 = ____
10.	4 x 2 = ____	35.	12 x 6 = ____
11.	5 x 6 = ____	36.	3 x 4 = ____
12.	4 x 6 = ____	37.	8 x 6 = ____
13.	10 x 3 = ____	38.	6 x 9 = ____
14.	6 x 6 = ____	39.	4 x 7 = ____
15.	3 x 2 = ____	40.	10 x 5 = ____
16.	4 x 4 = ____	41.	9 x 4 = ____
17.	10 x 4 = ____	42.	11 x 3 = ____
18.	3 x 9 = ____	43.	8 x 4 = ____
19.	6 x 7 = ____	44.	1 x 3 = ____
20.	7 x 4 = ____	45.	12 x 5 = ____
21.	3 x 7 = ____	46.	6 x 3 = ____
22	4 x 8 = ____	47.	5 x 11 = ____
23.	2 x 12 = ____	48.	2 x 2 = ____
24.	9 x 6 = ____	49.	12 x 3 = ____
25.	3 x 6 = ____	50.	7 x 6 = ____

SERIES

Your Score: ____________

TIMES TABLE CHALLENGE – © World Teachers Press® – 17

FOCUS

Date: ______________

Name: ______________

Level 1 **Focus: 6, 7**

1.	6 x 10 = ____	26.	7 x 11 = ____
2.	2 x 6 = ____	27.	0 x 7 = ____
3.	5 x 7 = ____	28.	6 x 9 = ____
4.	7 x 2 = ____	29.	11 x 6 = ____
5.	1 x 6 = ____	30.	6 x 5 = ____
6.	3 x 7 = ____	31.	8 x 6 = ____
7.	0 x 6 = ____	32.	12 x 6 = ____
8.	6 x 6 = ____	33.	12 x 7 = ____
9.	6 x 3 = ____	34.	6 x 7 = ____
10.	7 x 10 = ____	35.	7 x 5 = ____
11.	6 x 4 = ____	36.	2 x 7 = ____
12.	4 x 7 = ____	37.	7 x 12 = ____
13.	7 x 7 = ____	38.	7 x 4 = ____
14.	6 x 8 = ____	39.	6 x 1 = ____
15.	1 x 7 = ____	40.	6 x 12 = ____
16.	7 x 3 = ____	41.	10 x 6 = ____
17.	7 x 6 = ____	42.	9 x 7 = ____
18.	7 x 9 = ____	43.	6 x 2 = ____
19.	4 x 6 = ____	44.	11 x 7 = ____
20.	7 x 0 = ____	45.	12 x 6 = ____
21.	9 x 6 = ____	46.	10 x 7 = ____
22	6 x 0 = ____	47.	7 x 8 = ____
23.	7 x 1 = ____	48.	3 x 6 = ____
24.	5 x 6 = ____	49.	6 x 11 = ____
25.	8 x 7 = ____	50.	7 x 12 = ____

Your Score: ______________

SERIES

FOCUS

Date: ______________

Name: ______________

Level 1 **Focus: 6, 7**

1.	6 x 10 = ____	26.	7 x 11 = ____
2.	2 x 6 = ____	27.	0 x 7 = ____
3.	5 x 7 = ____	28.	6 x 9 = ____
4.	7 x 2 = ____	29.	11 x 6 = ____
5.	1 x 6 = ____	30.	6 x 5 = ____
6.	3 x 7 = ____	31.	8 x 6 = ____
7.	0 x 6 = ____	32.	12 x 6 = ____
8.	6 x 6 = ____	33.	12 x 7 = ____
9.	6 x 3 = ____	34.	6 x 7 = ____
10.	7 x 10 = ____	35.	7 x 5 = ____
11.	6 x 4 = ____	36.	2 x 7 = ____
12.	4 x 7 = ____	37.	7 x 12 = ____
13.	7 x 7 = ____	38.	7 x 4 = ____
14.	6 x 8 = ____	39.	6 x 1 = ____
15.	1 x 7 = ____	40.	6 x 12 = ____
16.	7 x 3 = ____	41.	10 x 6 = ____
17.	7 x 6 = ____	42.	9 x 7 = ____
18.	7 x 9 = ____	43.	6 x 2 = ____
19.	4 x 6 = ____	44.	11 x 7 = ____
20.	7 x 0 = ____	45.	12 x 6 = ____
21.	9 x 6 = ____	46.	10 x 7 = ____
22	6 x 0 = ____	47.	7 x 8 = ____
23.	7 x 1 = ____	48.	3 x 6 = ____
24.	5 x 6 = ____	49.	6 x 11 = ____
25.	8 x 7 = ____	50.	7 x 12 = ____

Your Score: ______________

SERIES

TIMES TABLE CHALLENGE – © World Teachers Press® – 18

FOCUS

Date: ____________

Name: ____________

Level J **Focus: 0 – 7**

1.	2 x 5 = ____	26.	5 x 7 = ____
2.	5 x 3 = ____	27.	3 x 6 = ____
3.	3 x 0 = ____	28.	12 x 3 = ____
4.	3 x 4 = ____	29.	8 x 4 = ____
5.	5 x 5 = ____	30.	9 x 6 = ____
6.	0 x 5 = ____	31.	8 x 3 = ____
7.	2 x 2 = ____	32.	4 x 12 = ____
8.	4 x 6 = ____	33.	2 x 8 = ____
9.	2 x 7 = ____	34.	5 x 6 = ____
10.	1 x 4 = ____	35.	7 x 11 = ____
11.	4 x 4 = ____	36.	2 x 10 = ____
12.	9 x 3 = ____	37.	4 x 7 = ____
13.	1 x 10 = ____	38.	6 x 12 = ____
14.	8 x 5 = ____	39.	9 x 7 = ____
15.	3 x 3 = ____	40.	5 x 11 = ____
16.	3 x 8 = ____	41.	6 x 6 = ____
17.	6 x 11 = ____	42.	9 x 5 = ____
18.	4 x 8 = ____	43.	6 x 8 = ____
19.	7 x 6 = ____	44.	3 x 2 = ____
20.	12 x 2 = ____	45.	12 x 7 = ____
21.	1 x 7 = ____	46.	1 x 1 = ____
22	2 x 9 = ____	47.	4 x 9 = ____
23.	7 x 7 = ____	48.	5 x 12 = ____
24.	10 x 7 = ____	49.	7 x 0 = ____
25.	6 x 9 = ____	50.	8 x 7 = ____

SERIES

Your Score: ____________

FOCUS

Date: ____________

Name: ____________

Level J Focus: 0 – 7

1.	2 x 5 = ____	26.	5 x 7 = ____
2.	5 x 3 = ____	27.	3 x 6 = ____
3.	3 x 0 = ____	28.	12 x 3 = ____
4.	3 x 4 = ____	29.	8 x 4 = ____
5.	5 x 5 = ____	30.	9 x 6 = ____
6.	0 x 5 = ____	31.	8 x 3 = ____
7.	2 x 2 = ____	32.	4 x 12 = ____
8.	4 x 6 = ____	33.	2 x 8 = ____
9.	2 x 7 = ____	34.	5 x 6 = ____
10.	1 x 4 = ____	35.	7 x 11 = ____
11.	4 x 4 = ____	36.	2 x 10 = ____
12.	9 x 3 = ____	37.	4 x 7 = ____
13.	1 x 10 = ____	38.	6 x 12 = ____
14.	8 x 5 = ____	39.	9 x 7 = ____
15.	3 x 3 = ____	40.	5 x 11 = ____
16.	3 x 8 = ____	41.	6 x 6 = ____
17.	6 x 11 = ____	42.	9 x 5 = ____
18.	4 x 8 = ____	43.	6 x 8 = ____
19.	7 x 6 = ____	44.	3 x 2 = ____
20.	12 x 2 = ____	45.	12 x 7 = ____
21.	1 x 7 = ____	46.	1 x 1 = ____
22	2 x 9 = ____	47.	4 x 9 = ____
23.	7 x 7 = ____	48.	5 x 12 = ____
24.	10 x 7 = ____	49.	7 x 0 = ____
25.	6 x 9 = ____	50.	8 x 7 = ____

SERIES

Your Score: ____________

TIMES TABLE CHALLENGE – © World Teachers Press® – 19

FOCUS

Date: ____________

Name: ____________

Level K **Focus: 7, 8**

1.	8 x 2 = ____	26.	7 x 12 = ____
2.	0 x 7 = ____	27.	9 x 7 = ____
3.	3 x 7 = ____	28.	5 x 8 = ____
4.	2 x 7 = ____	29.	7 x 0 = ____
5.	4 x 7 = ____	30.	8 x 12 = ____
6.	1 x 8 = ____	31.	9 x 8 = ____
7.	8 x 5 = ____	32.	7 x 6 = ____
8.	10 x 7 = ____	33.	8 x 6 = ____
9.	7 x 8 = ____	34.	5 x 7 = ____
10.	4 x 8 = ____	35.	7 x 10 = ____
11.	10 x 8 = ____	36.	3 x 8 = ____
12.	6 x 8 = ____	37.	12 x 7 = ____
13.	8 x 3 = ____	38.	11 x 7 = ____
14.	6 x 7 = ____	39.	0 x 8 = ____
15.	8 x 9 = ____	40.	7 x 3 = ____
16.	7 x 9 = ____	41.	11 x 8 = ____
17.	8 x 7 = ____	42.	8 x 10 = ____
18.	7 x 5 = ____	43.	7 x 4 = ____
19.	7 x 7 = ____	44.	7 x 2 = ____
20.	8 x 1 = ____	45.	12 x 8 = ____
21.	7 x 1 = ____	46.	1 x 7 = ____
22	8 x 8 = ____	47.	8 x 12 = ____
23.	2 x 8 = ____	48.	7 x 11 = ____
24.	8 x 0 = ____	49.	8 x 4 = ____
25.	8 x 11 = ____	50.	12 x 7 = ____

Your Score: ____________

SERIES

FOCUS

Date: ____________

Name: ____________

Level K **Focus: 7, 8**

1.	8 x 2 = ____	26.	7 x 12 = ____
2.	0 x 7 = ____	27.	9 x 7 = ____
3.	3 x 7 = ____	28.	5 x 8 = ____
4.	2 x 7 = ____	29.	7 x 0 = ____
5.	4 x 7 = ____	30.	8 x 12 = ____
6.	1 x 8 = ____	31.	9 x 8 = ____
7.	8 x 5 = ____	32.	7 x 6 = ____
8.	10 x 7 = ____	33.	8 x 6 = ____
9.	7 x 8 = ____	34.	5 x 7 = ____
10.	4 x 8 = ____	35.	7 x 10 = ____
11.	10 x 8 = ____	36.	3 x 8 = ____
12.	6 x 8 = ____	37.	12 x 7 = ____
13.	8 x 3 = ____	38.	11 x 7 = ____
14.	6 x 7 = ____	39.	0 x 8 = ____
15.	8 x 9 = ____	40.	7 x 3 = ____
16.	7 x 9 = ____	41.	11 x 8 = ____
17.	8 x 7 = ____	42.	8 x 10 = ____
18.	7 x 5 = ____	43.	7 x 4 = ____
19.	7 x 7 = ____	44.	7 x 2 = ____
20.	8 x 1 = ____	45.	12 x 8 = ____
21.	7 x 1 = ____	46.	1 x 7 = ____
22	8 x 8 = ____	47.	8 x 12 = ____
23.	2 x 8 = ____	48.	7 x 11 = ____
24.	8 x 0 = ____	49.	8 x 4 = ____
25.	8 x 11 = ____	50.	12 x 7 = ____

Your Score: ____________

SERIES

FOCUS

Date: ____________

Name: ____________

Level L **Focus: 0 – 8**

1.	2 x 2 = ____	26.	6 x 6 = ____
2.	3 x 3 = ____	27.	8 x 7 = ____
3.	5 x 5 = ____	28.	0 x 8 = ____
4.	10 x 7 = ____	29.	7 x 12 = ____
5.	4 x 1 = ____	30.	9 x 8 = ____
6.	2 x 5 = ____	31.	6 x 4 = ____
7.	5 x 4 = ____	32.	1 x 12 = ____
8.	6 x 2 = ____	33.	5 x 8 = ____
9.	4 x 8 = ____	34.	9 x 7 = ____
10.	0 x 1 = ____	35.	8 x 12 = ____
11.	2 x 12 = ____	36.	6 x 7 = ____
12.	4 x 2 = ____	37.	8 x 2 = ____
13.	10 x 6 = ____	38.	11 x 8 = ____
14.	4 x 3 = ____	39.	8 x 8 = ____
15.	11 x 7 = ____	40.	0 x 6 = ____
16.	7 x 2 = ____	41.	8 x 3 = ____
17.	7 x 3 = ____	42.	5 x 12 = ____
18.	12 x 6 = ____	43.	7 x 9 = ____
19.	2 x 9 = ____	44.	7 x 7 = ____
20.	1 x 1 = ____	45.	11 x 6 = ____
21.	3 x 6 = ____	46.	8 x 6 = ____
22	4 x 4 = ____	47.	3 x 12 = ____
23.	3 x 8 = ____	48.	7 x 4 = ____
24.	4 x 12 = ____	49.	6 x 9 = ____
25.	10 x 5 = ____	50.	12 x 8 = ____

Your Score: ____________

SERIES

FOCUS

Date: ____________

Name: ____________

Level L **Focus: 0 – 8**

1.	2 x 2 = ____	26.	6 x 6 = ____
2.	3 x 3 = ____	27.	8 x 7 = ____
3.	5 x 5 = ____	28.	0 x 8 = ____
4.	10 x 7 = ____	29.	7 x 12 = ____
5.	4 x 1 = ____	30.	9 x 8 = ____
6.	2 x 5 = ____	31.	6 x 4 = ____
7.	5 x 4 = ____	32.	1 x 12 = ____
8.	6 x 2 = ____	33.	5 x 8 = ____
9.	4 x 8 = ____	34.	9 x 7 = ____
10.	0 x 1 = ____	35.	8 x 12 = ____
11.	2 x 12 = ____	36.	6 x 7 = ____
12.	4 x 2 = ____	37.	8 x 2 = ____
13.	10 x 6 = ____	38.	11 x 8 = ____
14.	4 x 3 = ____	39.	8 x 8 = ____
15.	11 x 7 = ____	40.	0 x 6 = ____
16.	7 x 2 = ____	41.	8 x 3 = ____
17.	7 x 3 = ____	42.	5 x 12 = ____
18.	12 x 6 = ____	43.	7 x 9 = ____
19.	2 x 9 = ____	44.	7 x 7 = ____
20.	1 x 1 = ____	45.	11 x 6 = ____
21.	3 x 6 = ____	46.	8 x 6 = ____
22	4 x 4 = ____	47.	3 x 12 = ____
23.	3 x 8 = ____	48.	7 x 4 = ____
24.	4 x 12 = ____	49.	6 x 9 = ____
25.	10 x 5 = ____	50.	12 x 8 = ____

Your Score: ____________

SERIES

TIMES TABLE CHALLENGE – © World Teachers Press® – 21

FOCUS

Date: ____________

Name: ____________

Level M **Focus: 8, 9**

1.	2 × 9 = ____	26.	8 × 9 = ____
2.	0 × 9 = ____	27.	6 × 9 = ____
3.	8 × 2 = ____	28.	11 × 9 = ____
4.	9 × 1 = ____	29.	8 × 5 = ____
5.	5 × 9 = ____	30.	8 × 7 = ____
6.	4 × 9 = ____	31.	8 × 4 = ____
7.	8 × 3 = ____	32.	8 × 12 = ____
8.	5 × 8 = ____	33.	1 × 9 = ____
9.	10 × 9 = ____	34.	9 × 10 = ____
10.	8 × 0 = ____	35.	3 × 8 = ____
11.	9 × 3 = ____	36.	9 × 12 = ____
12.	8 × 10 = ____	37.	9 × 0 = ____
13.	8 × 4 = ____	38.	8 × 1 = ____
14.	9 × 7 = ____	39.	7 × 8 = ____
15.	8 × 8 = ____	40.	6 × 8 = ____
16.	9 × 5 = ____	41.	7 × 9 = ____
17.	9 × 9 = ____	42.	12 × 8 = ____
18.	8 × 6 = ____	43.	9 × 11 = ____
19.	8 × 1 = ____	44.	8 × 10 = ____
20.	11 × 8 = ____	45.	9 × 2 = ____
21.	9 × 8 = ____	46.	12 × 9 = ____
22	9 × 6 = ____	47.	8 × 2 = ____
23.	8 × 0 = ____	48.	9 × 4 = ____
24.	4 × 8 = ____	49.	8 × 11 = ____
25.	7 × 8 = ____	50.	12 × 8 = ____

SERIES

Your Score: ____________

FOCUS

Date: ____________

Name: ____________

Level M Focus: 8, 9

1.	2 × 9 = ____	26.	8 × 9 = ____
2.	0 × 9 = ____	27.	6 × 9 = ____
3.	8 × 2 = ____	28.	11 × 9 = ____
4.	9 × 1 = ____	29.	8 × 5 = ____
5.	5 × 9 = ____	30.	8 × 7 = ____
6.	4 × 9 = ____	31.	8 × 4 = ____
7.	8 × 3 = ____	32.	8 × 12 = ____
8.	5 × 8 = ____	33.	1 × 9 = ____
9.	10 × 9 = ____	34.	9 × 10 = ____
10.	8 × 0 = ____	35.	3 × 8 = ____
11.	9 × 3 = ____	36.	9 × 12 = ____
12.	8 × 10 = ____	37.	9 × 0 = ____
13.	8 × 4 = ____	38.	8 × 1 = ____
14.	9 × 7 = ____	39.	7 × 8 = ____
15.	8 × 8 = ____	40.	6 × 8 = ____
16.	9 × 5 = ____	41.	7 × 9 = ____
17.	9 × 9 = ____	42.	12 × 8 = ____
18.	8 × 6 = ____	43.	9 × 11 = ____
19.	8 × 1 = ____	44.	8 × 10 = ____
20.	11 × 8 = ____	45.	9 × 2 = ____
21.	9 × 8 = ____	46.	12 × 9 = ____
22	9 × 6 = ____	47.	8 × 2 = ____
23.	8 × 0 = ____	48.	9 × 4 = ____
24.	4 × 8 = ____	49.	8 × 11 = ____
25.	7 × 8 = ____	50.	12 × 8 = ____

SERIES

Your Score: ____________

TIMES TABLE CHALLENGE – © World Teachers Press® – 22

FOCUS

Date: ____________

Name: ____________

Level N **Focus: 0 – 9**

1.	4 x 3 = ____	26.	5 x 12 = ____
2.	2 x 2 = ____	27.	8 x 7 = ____
3.	4 x 4 = ____	28.	0 x 7 = ____
4.	2 x 5 = ____	29.	3 x 6 = ____
5.	1 x 10 = ____	30.	8 x 8 = ____
6.	3 x 3 = ____	31.	7 x 9 = ____
7.	8 x 4 = ____	32.	6 x 8 = ____
8.	5 x 11 = ____	33.	9 x 9 = ____
9.	4 x 4 = ____	34.	2 x 3 = ____
10.	3 x 9 = ____	35.	12 x 7 = ____
11.	12 x 3 = ____	36.	8 x 9 = ____
12.	2 x 8 = ____	37.	11 x 8 = ____
13.	9 x 4 = ____	38.	12 x 9 = ____
14.	6 x 10 = ____	39.	9 x 10 = ____
15.	6 x 7 = ____	40.	4 x 8 = ____
16.	5 x 5 = ____	41.	8 x 12 = ____
17.	8 x 3 = ____	42.	9 x 9 = ____
18.	11 x 7 = ____	43.	2 x 12 = ____
19.	8 x 5 = ____	44.	8 x 8 = ____
20.	6 x 6 = ____	45.	6 x 12 = ____
21.	9 x 8 = ____	46.	7 x 8 = ____
22	11 x 9 = ____	47.	3 x 11 = ____
23.	4 x 7 = ____	48.	9 x 7 = ____
24.	7 x 7 = ____	49.	4 x 9 = ____
25.	4 x 12 = ____	50.	12 x 9 = ____

Your Score: ____________

SERIES

FOCUS

Date: ____________

Name: ____________

Level N **Focus: 0 – 9**

1.	4 x 3 = ____	26.	5 x 12 = ____
2.	2 x 2 = ____	27.	8 x 7 = ____
3.	4 x 4 = ____	28.	0 x 7 = ____
4.	2 x 5 = ____	29.	3 x 6 = ____
5.	1 x 10 = ____	30.	8 x 8 = ____
6.	3 x 3 = ____	31.	7 x 9 = ____
7.	8 x 4 = ____	32.	6 x 8 = ____
8.	5 x 11 = ____	33.	9 x 9 = ____
9.	4 x 4 = ____	34.	2 x 3 = ____
10.	3 x 9 = ____	35.	12 x 7 = ____
11.	12 x 3 = ____	36.	8 x 9 = ____
12.	2 x 8 = ____	37.	11 x 8 = ____
13.	9 x 4 = ____	38.	12 x 9 = ____
14.	6 x 10 = ____	39.	9 x 10 = ____
15.	6 x 7 = ____	40.	4 x 8 = ____
16.	5 x 5 = ____	41.	8 x 12 = ____
17.	8 x 3 = ____	42.	9 x 9 = ____
18.	11 x 7 = ____	43.	2 x 12 = ____
19.	8 x 5 = ____	44.	8 x 8 = ____
20.	6 x 6 = ____	45.	6 x 12 = ____
21.	9 x 8 = ____	46.	7 x 8 = ____
22	11 x 9 = ____	47.	3 x 11 = ____
23.	4 x 7 = ____	48.	9 x 7 = ____
24.	7 x 7 = ____	49.	4 x 9 = ____
25.	4 x 12 = ____	50.	12 x 9 = ____

Your Score: ____________

SERIES

TIMES TABLE CHALLENGE – © World Teachers Press® – 23

FOCUS

Date: ______________

Name: ______________

Level 0 **Focus: 9, 10**

1. 10 x 7 = ____
2. 2 x 9 = ____
3. 9 x 0 = ____
4. 10 x 4 = ____
5. 1 x 9 = ____
6. 10 x 10 = ____
7. 2 x 10 = ____
8. 3 x 9 = ____
9. 9 x 10 = ____
10. 10 x 3 = ____
11. 9 x 4 = ____
12. 6 x 9 = ____
13. 9 x 8 = ____
14. 5 x 9 = ____
15. 9 x 9 = ____
16. 10 x 5 = ____
17. 9 x 7 = ____
18. 6 x 10 = ____
19. 10 x 0 = ____
20. 7 x 10 = ____
21. 10 x 9 = ____

22 10 x 1 = ____

23. 9 x 11 = ____
24. 11 x 10 = ____
25. 10 x 8 = ____
26. 4 x 9 = ____
27. 9 x 1 = ____
28. 8 x 9 = ____
29. 10 x 11 = ____
30. 9 x 3 = ____
31. 5 x 10 = ____
32. 12 x 9 = ____
33. 10 x 2 = ____
34. 9 x 6 = ____
35. 9 x 5 = ____
36. 9 x 2 = ____
37. 7 x 9 = ____
38. 12 x 10 = ____
39. 0 x 10 = ____
40. 11 x 9 = ____
41. 10 x 6 = ____
42. 4 x 10 = ____
43. 9 x 6 = ____
44. 0 x 9 = ____
45. 10 x 12 = ____
46. 3 x 10 = ____
47. 7 x 9 = ____
48. 1 x 10 = ____
49. 8 x 10 = ____
50. 9 x 12 = ____

Your Score: ______________

SERIES

FOCUS

Date: ______________

Name: ______________

Level 0 **Focus: 9, 10**

1. 10 x 7 = ____
2. 2 x 9 = ____
3. 9 x 0 = ____
4. 10 x 4 = ____
5. 1 x 9 = ____
6. 10 x 10 = ____
7. 2 x 10 = ____
8. 3 x 9 = ____
9. 9 x 10 = ____
10. 10 x 3 = ____
11. 9 x 4 = ____
12. 6 x 9 = ____
13. 9 x 8 = ____
14. 5 x 9 = ____
15. 9 x 9 = ____
16. 10 x 5 = ____
17. 9 x 7 = ____
18. 6 x 10 = ____
19. 10 x 0 = ____
20. 7 x 10 = ____
21. 10 x 9 = ____

22 10 x 1 = ____

23. 9 x 11 = ____
24. 11 x 10 = ____
25. 10 x 8 = ____
26. 4 x 9 = ____
27. 9 x 1 = ____
28. 8 x 9 = ____
29. 10 x 11 = ____
30. 9 x 3 = ____
31. 5 x 10 = ____
32. 12 x 9 = ____
33. 10 x 2 = ____
34. 9 x 6 = ____
35. 9 x 5 = ____
36. 9 x 2 = ____
37. 7 x 9 = ____
38. 12 x 10 = ____
39. 0 x 10 = ____
40. 11 x 9 = ____
41. 10 x 6 = ____
42. 4 x 10 = ____
43. 9 x 6 = ____
44. 0 x 9 = ____
45. 10 x 12 = ____
46. 3 x 10 = ____
47. 7 x 9 = ____
48. 1 x 10 = ____
49. 8 x 10 = ____
50. 9 x 12 = ____

Your Score: ______________

SERIES

TIMES TABLE CHALLENGE – © World Teachers Press® – 24

FOCUS

Date: ____________

Name: ____________

Level P Focus: 0 – 10

1. 8 x 2 = ____
2. 3 x 4 = ____
3. 5 x 1 = ____
4. 3 x 3 = ____
5. 2 x 4 = ____
6. 1 x 7 = ____
7. 8 x 0 = ____
8. 5 x 9 = ____
9. 5 x 2 = ____
10. 4 x 6 = ____
11. 4 x 4 = ____
12. 6 x 5 = ____
13. 3 x 1 = ____
14. 8 x 4 = ____
15. 2 x 12 = ____
16. 11 x 7 = ____
17. 5 x 3 = ____
18. 7 x 4 = ____
19. 3 x 2 = ____
20. 10 x 8 = ____
21. 4 x 11 = ____
22 7 x 7 = ____
23. 2 x 2 = ____
24. 11 x 8 = ____
25. 6 x 6 = ____
26. 8 x 8 = ____
27. 10 x 10 = ____
28. 12 x 5 = ____
29. 11 x 10 = ____
30. 9 x 6 = ____
31. 3 x 7 = ____
32. 2 x 9 = ____
33. 6 x 7 = ____
34. 3 x 8 = ____
35. 10 x 12 = ____
36. 5 x 5 = ____
37. 4 x 9 = ____
38. 12 x 6 = ____
39. 5 x 7 = ____
40. 6 x 2 = ____
41. 4 x 5 = ____
42. 9 x 7 = ____
43. 6 x 3 = ____
44. 8 x 6 = ____
45. 0 x 5 = ____
46. 5 x 8 = ____
47. 12 x 8 = ____
48. 9 x 11 = ____
49. 12 x 7 = ____
50. 7 x 8 = ____

SERIES

Your Score: ____________

FOCUS

Date: ____________

Name: ____________

Level P Focus: 0 – 10

1. 8 x 2 = ____
2. 3 x 4 = ____
3. 5 x 1 = ____
4. 3 x 3 = ____
5. 2 x 4 = ____
6. 1 x 7 = ____
7. 8 x 0 = ____
8. 5 x 9 = ____
9. 5 x 2 = ____
10. 4 x 6 = ____
11. 4 x 4 = ____
12. 6 x 5 = ____
13. 3 x 1 = ____
14. 8 x 4 = ____
15. 2 x 12 = ____
16. 11 x 7 = ____
17. 5 x 3 = ____
18. 7 x 4 = ____
19. 3 x 2 = ____
20. 10 x 8 = ____
21. 4 x 11 = ____
22 7 x 7 = ____
23. 2 x 2 = ____
24. 11 x 8 = ____
25. 6 x 6 = ____
26. 8 x 8 = ____
27. 10 x 10 = ____
28. 12 x 5 = ____
29. 11 x 10 = ____
30. 9 x 6 = ____
31. 3 x 7 = ____
32. 2 x 9 = ____
33. 6 x 7 = ____
34. 3 x 8 = ____
35. 10 x 12 = ____
36. 5 x 5 = ____
37. 4 x 9 = ____
38. 12 x 6 = ____
39. 5 x 7 = ____
40. 6 x 2 = ____
41. 4 x 5 = ____
42. 9 x 7 = ____
43. 6 x 3 = ____
44. 8 x 6 = ____
45. 0 x 5 = ____
46. 5 x 8 = ____
47. 12 x 8 = ____
48. 9 x 11 = ____
49. 12 x 7 = ____
50. 7 x 8 = ____

SERIES

Your Score: ____________

TIMES TABLE CHALLENGE – © World Teachers Press® – 25

FOCUS

Date: ______________________

Name: ______________________

Level Q **Focus: 10, 11**

1.	11 x 9 = _____	26.	11 x 10 = _____
2.	10 x 4 = _____	27.	11 x 1 = _____
3.	11 x 3 = _____	28.	12 x 11 = _____
4.	5 x 10 = _____	29.	10 x 7 = _____
5.	1 x 11 = _____	30.	2 x 11 = _____
6.	2 x 10 = _____	31.	11 x 7 = _____
7.	4 x 11 = _____	32.	0 x 10 = _____
8.	1 x 10 = _____	33.	11 x 11 = _____
9.	3 x 10 = _____	34.	9 x 10 = _____
10.	8 x 11 = _____	35.	0 x 11 = _____
11.	6 x 10 = _____	36.	4 x 10 = _____
12.	5 x 11 = _____	37.	10 x 9 = _____
13.	10 x 8 = _____	38.	12 x 10 = _____
14.	11 x 6 = _____	39.	10 x 3 = _____
15.	7 x 10 = _____	40.	11 x 5 = _____
16.	11 x 2 = _____	41.	10 x 12 = _____
17.	8 x 10 = _____	42.	3 x 11 = _____
18.	10 x 6 = _____	43.	11 x 12 = _____
19.	7 x 11 = _____	44.	11 x 4 = _____
20.	10 x 1 = _____	45.	9 x 11 = _____
21.	6 x 11 = _____	46.	10 x 11 = _____
22	10 x 10 = _____	47.	10 x 0 = _____
23.	10 x 2 = _____	48.	8 x 11 = _____
24.	10 x 5 = _____	49.	4 x 11 = _____
25.	11 x 0 = _____	50.	12 x 11 = _____

SERIES

Your Score: ______________

FOCUS

Date: ______________________

Name: ______________________

Level Q **Focus: 10, 11**

1.	11 x 9 = _____	26.	11 x 10 = _____
2.	10 x 4 = _____	27.	11 x 1 = _____
3.	11 x 3 = _____	28.	12 x 11 = _____
4.	5 x 10 = _____	29.	10 x 7 = _____
5.	1 x 11 = _____	30.	2 x 11 = _____
6.	2 x 10 = _____	31.	11 x 7 = _____
7.	4 x 11 = _____	32.	0 x 10 = _____
8.	1 x 10 = _____	33.	11 x 11 = _____
9.	3 x 10 = _____	34.	9 x 10 = _____
10.	8 x 11 = _____	35.	0 x 11 = _____
11.	6 x 10 = _____	36.	4 x 10 = _____
12.	5 x 11 = _____	37.	10 x 9 = _____
13.	10 x 8 = _____	38.	12 x 10 = _____
14.	11 x 6 = _____	39.	10 x 3 = _____
15.	7 x 10 = _____	40.	11 x 5 = _____
16.	11 x 2 = _____	41.	10 x 12 = _____
17.	8 x 10 = _____	42.	3 x 11 = _____
18.	10 x 6 = _____	43.	11 x 12 = _____
19.	7 x 11 = _____	44.	11 x 4 = _____
20.	10 x 1 = _____	45.	9 x 11 = _____
21.	6 x 11 = _____	46.	10 x 11 = _____
22	10 x 10 = _____	47.	10 x 0 = _____
23.	10 x 2 = _____	48.	8 x 11 = _____
24.	10 x 5 = _____	49.	4 x 11 = _____
25.	11 x 0 = _____	50.	12 x 11 = _____

SERIES

Your Score: ______________

FOCUS

Date: ____________

Name: ____________

Level R **Focus: 0 - 11**

1. 3 x 3 = ____	26. 11 x 12 = ____
2. 9 x 1 = ____	27. 5 x 5 = ____
3. 2 x 7 = ____	28. 9 x 7 = ____
4. 4 x 3 = ____	29. 11 x 1 = ____
5. 10 x 5 = ____	30. 4 x 5 = ____
6. 11 x 7 = ____	31. 8 x 6 = ____
7. 10 x 10 = ____	32. 5 x 9 = ____
8. 3 x 2 = ____	33. 6 x 5 = ____
9. 3 x 7 = ____	34. 0 x 7 = ____
10. 4 x 4 = ____	35. 6 x 7 = ____
11. 3 x 9 = ____	36. 8 x 8 = ____
12. 4 x 6 = ____	37. 4 x 9 = ____
13. 2 x 2 = ____	38. 7 x 6 = ____
14. 8 x 3 = ____	39. 8 x 7 = ____
15. 5 x 8 = ____	40. 9 x 9 = ____
16. 6 x 6 = ____	41. 7 x 10 = ____
17. 2 x 9 = ____	42. 8 x 2 = ____
18. 4 x 7 = ____	43. 8 x 12 = ____
19. 3 x 2 = ____	44. 12 x 11 = ____
20. 8 x 4 = ____	45. 6 x 9 = ____
21. 3 x 5 = ____	46. 5 x 2 = ____
22 4 x 2 = ____	47. 8 x 9 = ____
23. 7 x 7 = ____	48. 3 x 7 = ____
24. 6 x 3 = ____	49. 3 x 12 = ____
25. 11 x 11 = ____	50. 12 x 6 = ____

Your Score: ____________

SERIES

FOCUS

Date: ____________

Name: ____________

Level R **Focus: 0 - 11**

1. 3 x 3 = ____	26. 11 x 12 = ____
2. 9 x 1 = ____	27. 5 x 5 = ____
3. 2 x 7 = ____	28. 9 x 7 = ____
4. 4 x 3 = ____	29. 11 x 1 = ____
5. 10 x 5 = ____	30. 4 x 5 = ____
6. 11 x 7 = ____	31. 8 x 6 = ____
7. 10 x 10 = ____	32. 5 x 9 = ____
8. 3 x 2 = ____	33. 6 x 5 = ____
9. 3 x 7 = ____	34. 0 x 7 = ____
10. 4 x 4 = ____	35. 6 x 7 = ____
11. 3 x 9 = ____	36. 8 x 8 = ____
12. 4 x 6 = ____	37. 4 x 9 = ____
13. 2 x 2 = ____	38. 7 x 6 = ____
14. 8 x 3 = ____	39. 8 x 7 = ____
15. 5 x 8 = ____	40. 9 x 9 = ____
16. 6 x 6 = ____	41. 7 x 10 = ____
17. 2 x 9 = ____	42. 8 x 2 = ____
18. 4 x 7 = ____	43. 8 x 12 = ____
19. 3 x 2 = ____	44. 12 x 11 = ____
20. 8 x 4 = ____	45. 6 x 9 = ____
21. 3 x 5 = ____	46. 5 x 2 = ____
22 4 x 2 = ____	47. 8 x 9 = ____
23. 7 x 7 = ____	48. 3 x 7 = ____
24. 6 x 3 = ____	49. 3 x 12 = ____
25. 11 x 11 = ____	50. 12 x 6 = ____

Your Score: ____________

SERIES

TIMES TABLE CHALLENGE – © World Teachers Press® – 27

FOCUS

Date: ____________

Name: ____________

Level S **Focus: 11, 12**

1.	2 x 12 = ____	26.	7 x 12 = ____
2.	3 x 11 = ____	27.	11 x 2 = ____
3.	0 x 12 = ____	28.	12 x 12 = ____
4.	3 x 12 = ____	29.	11 x 3 = ____
5.	12 x 5 = ____	30.	11 x 12 = ____
6.	1 x 12 = ____	31.	11 x 4 = ____
7.	11 x 7 = ____	32.	10 x 11 = ____
8.	12 x 4 = ____	33.	6 x 11 = ____
9.	11 x 9 = ____	34.	11 x 11 = ____
10.	5 x 11 = ____	35.	12 x 10 = ____
11.	12 x 7 = ____	36.	11 x 5 = ____
12.	2 x 11 = ____	37.	12 x 3 = ____
13.	11 x 10 = ____	38.	12 x 1 = ____
14.	1 x 11 = ____	39.	9 x 11 = ____
15.	6 x 12 = ____	40.	12 x 2 = ____
16.	4 x 11 = ____	41.	0 x 11 = ____
17.	8 x 12 = ____	42.	5 x 12 = ____
18.	11 x 0 = ____	43.	11 x 8 = ____
19.	8 x 11 = ____	44.	4 x 12 = ____
20.	10 x 12 = ____	45.	12 x 6 = ____
21.	12 x 0 = ____	46.	12 x 11 = ____
22	12 x 8 = ____	47.	8 x 12 = ____
23.	11 x 6 = ____	48.	7 x 11 = ____
24.	12 x 9 = ____	49.	12 x 7 = ____
25.	11 x 1 = ____	50.	9 x 12 = ____

SERIES

Your Score: ____________

FOCUS

Date: ____________

Name: ____________

Level S **Focus: 11, 12**

1.	2 x 12 = ____	26.	7 x 12 = ____
2.	3 x 11 = ____	27.	11 x 2 = ____
3.	0 x 12 = ____	28.	12 x 12 = ____
4.	3 x 12 = ____	29.	11 x 3 = ____
5.	12 x 5 = ____	30.	11 x 12 = ____
6.	1 x 12 = ____	31.	11 x 4 = ____
7.	11 x 7 = ____	32.	10 x 11 = ____
8.	12 x 4 = ____	33.	6 x 11 = ____
9.	11 x 9 = ____	34.	11 x 11 = ____
10.	5 x 11 = ____	35.	12 x 10 = ____
11.	12 x 7 = ____	36.	11 x 5 = ____
12.	2 x 11 = ____	37.	12 x 3 = ____
13.	11 x 10 = ____	38.	12 x 1 = ____
14.	1 x 11 = ____	39.	9 x 11 = ____
15.	6 x 12 = ____	40.	12 x 2 = ____
16.	4 x 11 = ____	41.	0 x 11 = ____
17.	8 x 12 = ____	42.	5 x 12 = ____
18.	11 x 0 = ____	43.	11 x 8 = ____
19.	8 x 11 = ____	44.	4 x 12 = ____
20.	10 x 12 = ____	45.	12 x 6 = ____
21.	12 x 0 = ____	46.	12 x 11 = ____
22	12 x 8 = ____	47.	8 x 12 = ____
23.	11 x 6 = ____	48.	7 x 11 = ____
24.	12 x 9 = ____	49.	12 x 7 = ____
25.	11 x 1 = ____	50.	9 x 12 = ____

SERIES

Your Score: ____________

TIMES TABLE CHALLENGE – © World Teachers Press® – 28

FOCUS

Date: ______________

Name: ______________

Level T **Focus: 0 – 12**

1.	4 x 3 = ____	26.	7 x 7 = ____
2.	5 x 6 = ____	27.	8 x 4 = ____
3.	2 x 2 = ____	28.	2 x 3 = ____
4.	3 x 8 = ____	29.	1 x 4 = ____
5.	4 x 2 = ____	30.	6 x 6 = ____
6.	5 x 7 = ____	31.	10 x 4 = ____
7.	3 x 0 = ____	32.	6 x 9 = ____
8.	5 x 5 = ____	33.	11 x 11 = ____
9.	4 x 7 = ____	34.	4 x 5 = ____
10.	1 x 1 = ____	35.	3 x 7 = ____
11.	6 x 3 = ____	36.	0 x 10 = ____
12.	8 x 2 = ____	37.	8 x 8 = ____
13.	9 x 4 = ____	38.	7 x 11 = ____
14.	10 x 2 = ____	39.	4 x 7 = ____
15.	4 x 4 = ____	40.	9 x 12 = ____
16.	5 x 7 = ____	41.	8 x 7 = ____
17.	2 x 11 = ____	42.	5 x 2 = ____
18.	3 x 9 = ____	43.	9 x 9 = ____
19.	2 x 7 = ____	44.	4 x 12 = ____
20.	8 x 5 = ____	45.	4 x 9 = ____
21.	3 x 3 = ____	46.	11 x 12 = ____
22	10 x 7 = ____	47.	3 x 5 = ____
23.	11 x 12 = ____	48.	12 x 12 = ____
24.	6 x 4 = ____	49.	12 x 8 = ____
25.	10 x 10 = ____	50.	7 x 9 = ____

Your Score: ______________

SERIES

FOCUS

Date: ______________

Name: ______________

Level T **Focus: 0 – 12**

1.	4 x 3 = ____	26.	7 x 7 = ____
2.	5 x 6 = ____	27.	8 x 4 = ____
3.	2 x 2 = ____	28.	2 x 3 = ____
4.	3 x 8 = ____	29.	1 x 4 = ____
5.	4 x 2 = ____	30.	6 x 6 = ____
6.	5 x 7 = ____	31.	10 x 4 = ____
7.	3 x 0 = ____	32.	6 x 9 = ____
8.	5 x 5 = ____	33.	11 x 11 = ____
9.	4 x 7 = ____	34.	4 x 5 = ____
10.	1 x 1 = ____	35.	3 x 7 = ____
11.	6 x 3 = ____	36.	0 x 10 = ____
12.	8 x 2 = ____	37.	8 x 8 = ____
13.	9 x 4 = ____	38.	7 x 11 = ____
14.	10 x 2 = ____	39.	4 x 7 = ____
15.	4 x 4 = ____	40.	9 x 12 = ____
16.	5 x 7 = ____	41.	8 x 7 = ____
17.	2 x 11 = ____	42.	5 x 2 = ____
18.	3 x 9 = ____	43.	9 x 9 = ____
19.	2 x 7 = ____	44.	4 x 12 = ____
20.	8 x 5 = ____	45.	4 x 9 = ____
21.	3 x 3 = ____	46.	11 x 12 = ____
22	10 x 7 = ____	47.	3 x 5 = ____
23.	11 x 12 = ____	48.	12 x 12 = ____
24.	6 x 4 = ____	49.	12 x 8 = ____
25.	10 x 10 = ____	50.	7 x 9 = ____

Your Score: ______________

SERIES

TIMES TABLE CHALLENGE – © World Teachers Press® – 29

FOCUS

Date: ____________________

Name: ____________________

Level AA **Very Easy**

1.	3 x 2 = _____	26.	6 x 2 = _____
2.	5 x 0 = _____	27.	2 x 11 = _____
3.	4 x 1 = _____	28.	5 x 11 = _____
4.	3 x 3 = _____	29.	6 x 0 = _____
5.	4 x 2 = _____	30.	5 x 4 = _____
6.	1 x 7 = _____	31.	2 x 5 = _____
7.	2 x 2 = _____	32.	11 x 4 = _____
8.	2 x 6 = _____	33.	8 x 2 = _____
9.	10 x 1 = _____	34.	10 x 5 = _____
10.	8 x 2 = _____	35.	3 x 3 = _____
11.	5 x 2 = _____	36.	6 x 1 = _____
12.	3 x 4 = _____	37.	4 x 3 = _____
13.	5 x 3 = _____	38.	3 x 5 = _____
14.	6 x 10 = _____	39.	2 x 3 = _____
15.	9 x 2 = _____	40.	2 x 9 = _____
16.	1 x 2 = _____	41.	4 x 4 = _____
17.	10 x 2 = _____	42.	6 x 5 = _____
18.	10 x 4 = _____	43.	8 x 1 = _____
19.	10 x 0 = _____	44.	2 x 10 = _____
20.	11 x 3 = _____	45.	2 x 7 = _____
21.	6 x 3 = _____	46.	3 x 6 = _____
22	10 x 1 = _____	47.	9 x 0 = _____
23.	3 x 10 = _____	48.	10 x 3 = _____
24.	7 x 2 = _____	49.	5 x 5 = _____
25.	4 x 4 = _____	50.	3 x 4 = _____

SERIES

Your Score: ____________

FOCUS

Date: ____________________

Name: ____________________

Level AA **Very Easy**

1.	3 x 2 = _____	26.	6 x 2 = _____
2.	5 x 0 = _____	27.	2 x 11 = _____
3.	4 x 1 = _____	28.	5 x 11 = _____
4.	3 x 3 = _____	29.	6 x 0 = _____
5.	4 x 2 = _____	30.	5 x 4 = _____
6.	1 x 7 = _____	31.	2 x 5 = _____
7.	2 x 2 = _____	32.	11 x 4 = _____
8.	2 x 6 = _____	33.	8 x 2 = _____
9.	10 x 1 = _____	34.	10 x 5 = _____
10.	8 x 2 = _____	35.	3 x 3 = _____
11.	5 x 2 = _____	36.	6 x 1 = _____
12.	3 x 4 = _____	37.	4 x 3 = _____
13.	5 x 3 = _____	38.	3 x 5 = _____
14.	6 x 10 = _____	39.	2 x 3 = _____
15.	9 x 2 = _____	40.	2 x 9 = _____
16.	1 x 2 = _____	41.	4 x 4 = _____
17.	10 x 2 = _____	42.	6 x 5 = _____
18.	10 x 4 = _____	43.	8 x 1 = _____
19.	10 x 0 = _____	44.	2 x 10 = _____
20.	11 x 3 = _____	45.	2 x 7 = _____
21.	6 x 3 = _____	46.	3 x 6 = _____
22	10 x 1 = _____	47.	9 x 0 = _____
23.	3 x 10 = _____	48.	10 x 3 = _____
24.	7 x 2 = _____	49.	5 x 5 = _____
25.	4 x 4 = _____	50.	3 x 4 = _____

SERIES

Your Score: ____________

TIMES TABLE CHALLENGE – © World Teachers Press® – 30

FOCUS

Date: ____________

Name: ____________

Level BB **Pretty Easy**

1. 8 x 1 = ____	26. 10 x 9 = ____
2. 2 x 7 = ____	27. 2 x 12 = ____
3. 5 x 0 = ____	28. 4 x 8 = ____
4. 2 x 5 = ____	29. 2 x 8 = ____
5. 4 x 2 = ____	30. 6 x 3 = ____
6. 10 x 7 = ____	31. 12 x 1 = ____
7. 3 x 2 = ____	32. 5 x 5 = ____
8. 4 x 4 = ____	33. 7 x 5 = ____
9. 2 x 9 = ____	34. 3 x 8 = ____
10. 5 x 4 = ____	35. 1 x 3 = ____
11. 3 x 4 = ____	36. 11 x 8 = ____
12. 3 x 9 = ____	37. 9 x 0 = ____
13. 10 x 1 = ____	38. 2 x 11 = ____
14. 3 x 6 = ____	39. 5 x 2 = ____
15. 10 x 10 = ____	40. 4 x 4 = ____
16. 3 x 3 = ____	41. 4 x 6 = ____
17. 5 x 6 = ____	42. 5 x 8 = ____
18. 4 x 7 = ____	43. 9 x 4 = ____
19. 6 x 6 = ____	44. 5 x 9 = ____
20. 7 x 3 = ____	45. 10 x 2 = ____
21. 2 x 2 = ____	46. 5 x 5 = ____
22 5 x 11 = ____	47. 4 x 7 = ____
23. 3 x 8 = ____	48. 3 x 7 = ____
24. 10 x 0 = ____	49. 12 x 3 = ____
25. 4 x 6 = ____	50. 7 x 5 = ____

Your Score: ____________

SERIES

FOCUS

Date: ____________

Name: ____________

Level BB **Pretty Easy**

1. 8 x 1 = ____	26. 10 x 9 = ____
2. 2 x 7 = ____	27. 2 x 12 = ____
3. 5 x 0 = ____	28. 4 x 8 = ____
4. 2 x 5 = ____	29. 2 x 8 = ____
5. 4 x 2 = ____	30. 6 x 3 = ____
6. 10 x 7 = ____	31. 12 x 1 = ____
7. 3 x 2 = ____	32. 5 x 5 = ____
8. 4 x 4 = ____	33. 7 x 5 = ____
9. 2 x 9 = ____	34. 3 x 8 = ____
10. 5 x 4 = ____	35. 1 x 3 = ____
11. 3 x 4 = ____	36. 11 x 8 = ____
12. 3 x 9 = ____	37. 9 x 0 = ____
13. 10 x 1 = ____	38. 2 x 11 = ____
14. 3 x 6 = ____	39. 5 x 2 = ____
15. 10 x 10 = ____	40. 4 x 4 = ____
16. 3 x 3 = ____	41. 4 x 6 = ____
17. 5 x 6 = ____	42. 5 x 8 = ____
18. 4 x 7 = ____	43. 9 x 4 = ____
19. 6 x 6 = ____	44. 5 x 9 = ____
20. 7 x 3 = ____	45. 10 x 2 = ____
21. 2 x 2 = ____	46. 5 x 5 = ____
22 5 x 11 = ____	47. 4 x 7 = ____
23. 3 x 8 = ____	48. 3 x 7 = ____
24. 10 x 0 = ____	49. 12 x 3 = ____
25. 4 x 6 = ____	50. 7 x 5 = ____

Your Score: ____________

SERIES

TIMES TABLE CHALLENGE - © World Teachers Press® - 31

FOCUS

Date: ____________________

Name: ____________________

Level CC | Easy

1.	3 x 3 = ____	26.	7 x 8 = ____
2.	9 x 2 = ____	27.	6 x 6 = ____
3.	5 x 3 = ____	28.	10 x 7 = ____
4.	2 x 1 = ____	29.	9 x 6 = ____
5.	4 x 3 = ____	30.	7 x 2 = ____
6.	5 x 4 = ____	31.	11 x 5 = ____
7.	3 x 7 = ____	32.	8 x 1 = ____
8.	6 x 5 = ____	33.	4 x 9 = ____
9.	2 x 5 = ____	34.	3 x 8 = ____
10.	2 x 2 = ____	35.	5 x 5 = ____
11.	7 x 5 = ____	36.	9 x 7 = ____
12.	6 x 3 = ____	37.	2 x 5 = ____
13.	5 x 1 = ____	38.	10 x 4 = ____
14.	8 x 2 = ____	39.	3 x 8 = ____
15.	5 x 8 = ____	40.	8 x 4 = ____
16.	2 x 6 = ____	41.	1 x 1 = ____
17.	10 x 3 = ____	42.	7 x 6 = ____
18.	4 x 0 = ____	43.	0 x 10 = ____
19.	7 x 7 = ____	44.	5 x 6 = ____
20.	9 x 3 = ____	45.	4 x 2 = ____
21.	4 x 6 = ____	46.	4 x 9 = ____
22	9 x 5 = ____	47.	11 x 4 = ____
23.	4 x 4 = ____	48.	3 x 7 = ____
24.	6 x 8 = ____	49.	4 x 6 = ____
25.	7 x 4 = ____	50.	6 x 7 = ____

SERIES

Your Score: ____________

FOCUS

Date: ____________________

Name: ____________________

Level CC | Easy

1. 3 x 3 = ____ 26. 7 x 8 = ____
2. 9 x 2 = ____ 27. 6 x 6 = ____
3. 5 x 3 = ____ 28. 10 x 7 = ____
4. 2 x 1 = ____ 29. 9 x 6 = ____
5. 4 x 3 = ____ 30. 7 x 2 = ____
6. 5 x 4 = ____ 31. 11 x 5 = ____
7. 3 x 7 = ____ 32. 8 x 1 = ____
8. 6 x 5 = ____ 33. 4 x 9 = ____
9. 2 x 5 = ____ 34. 3 x 8 = ____
10. 2 x 2 = ____ 35. 5 x 5 = ____
11. 7 x 5 = ____ 36. 9 x 7 = ____
12. 6 x 3 = ____ 37. 2 x 5 = ____
13. 5 x 1 = ____ 38. 10 x 4 = ____
14. 8 x 2 = ____ 39. 3 x 8 = ____
15. 5 x 8 = ____ 40. 8 x 4 = ____
16. 2 x 6 = ____ 41. 1 x 1 = ____
17. 10 x 3 = ____ 42. 7 x 6 = ____
18. 4 x 0 = ____ 43. 0 x 10 = ____
19. 7 x 7 = ____ 44. 5 x 6 = ____
20. 9 x 3 = ____ 45. 4 x 2 = ____
21. 4 x 6 = ____ 46. 4 x 9 = ____
22 9 x 5 = ____ 47. 11 x 4 = ____
23. 4 x 4 = ____ 48. 3 x 7 = ____
24. 6 x 8 = ____ 49. 4 x 6 = ____
25. 7 x 4 = ____ 50. 6 x 7 = ____

SERIES

Your Score: ____________

TIMES TABLE CHALLENGE – © World Teachers Press® – 32

FOCUS

Date: ____________

Name: ____________

Level DD **Sort of Easy**

1.	2 x 7 = ____	26.	9 x 0 = ____
2.	3 x 1 = ____	27.	4 x 7 = ____
3.	4 x 4 = ____	28.	11 x 9 = ____
4.	5 x 3 = ____	29.	10 x 8 = ____
5.	4 x 5 = ____	30.	2 x 2 = ____
6.	3 x 2 = ____	31.	4 x 6 = ____
7.	10 x 4 = ____	32.	8 x 7 = ____
8.	3 x 6 = ____	33.	11 x 2 = ____
9.	12 x 0 = ____	34.	4 x 3 = ____
10.	6 x 3 = ____	35.	8 x 5 = ____
11.	0 x 4 = ____	36.	9 x 9 = ____
12.	3 x 3 = ____	37.	6 x 8 = ____
13.	5 x 1 = ____	38.	7 x 7 = ____
14.	7 x 5 = ____	39.	2 x 8 = ____
15.	5 x 5 = ____	40.	0 x 10 = ____
16.	9 x 2 = ____	41.	6 x 4 = ____
17.	4 x 8 = ____	42.	8 x 7 = ____
18.	7 x 3 = ____	43.	6 x 5 = ____
19.	10 x 10 = ____	44.	11 x 8 = ____
20.	3 x 8 = ____	45.	9 x 7 = ____
21.	9 x 5 = ____	46.	6 x 6 = ____
22	8 x 8 = ____	47.	8 x 3 = ____
23.	6 x 8 = ____	48.	9 x 6 = ____
24.	6 x 7 = ____	49.	8 x 4 = ____
25.	10 x 11 = ____	50.	9 x 8 = ____

SERIES

Your Score: ____________

FOCUS

Date: ____________

Name: ____________

Level DD Sort of Easy

1. 2 x 7 = ____ 26. 9 x 0 = ____
2. 3 x 1 = ____ 27. 4 x 7 = ____
3. 4 x 4 = ____ 28. 11 x 9 = ____
4. 5 x 3 = ____ 29. 10 x 8 = ____
5. 4 x 5 = ____ 30. 2 x 2 = ____
6. 3 x 2 = ____ 31. 4 x 6 = ____
7. 10 x 4 = ____ 32. 8 x 7 = ____
8. 3 x 6 = ____ 33. 11 x 2 = ____
9. 12 x 0 = ____ 34. 4 x 3 = ____
10. 6 x 3 = ____ 35. 8 x 5 = ____
11. 0 x 4 = ____ 36. 9 x 9 = ____
12. 3 x 3 = ____ 37. 6 x 8 = ____
13. 5 x 1 = ____ 38. 7 x 7 = ____
14. 7 x 5 = ____ 39. 2 x 8 = ____
15. 5 x 5 = ____ 40. 0 x 10 = ____
16. 9 x 2 = ____ 41. 6 x 4 = ____
17. 4 x 8 = ____ 42. 8 x 7 = ____
18. 7 x 3 = ____ 43. 6 x 5 = ____
19. 10 x 10 = ____ 44. 11 x 8 = ____
20. 3 x 8 = ____ 45. 9 x 7 = ____
21. 9 x 5 = ____ 46. 6 x 6 = ____
22 8 x 8 = ____ 47. 8 x 3 = ____
23. 6 x 8 = ____ 48. 9 x 6 = ____
24. 6 x 7 = ____ 49. 8 x 4 = ____
25. 10 x 11 = ____ 50. 9 x 8 = ____

SERIES

Your Score: ____________

TIMES TABLE CHALLENGE - © World Teachers Press® - 33

FOCUS

Date: ____________

Name: ____________

Level EE **Not so Easy**

1.	6 X 2 = ____	26.	6 x 9 = ____
2.	2 x 5 = ____	27.	4 x 7 = ____
3.	7 x 3 = ____	28.	6 x 8 = ____
4.	6 x 4 = ____	29.	12 x 9 = ____
5.	6 x 3 = ____	30.	3 x 12 = ____
6.	4 x 2 = ____	31.	12 x 4 = ____
7.	4 x 5 = ____	32.	9 x 9 = ____
8.	6 x 5 = ____	33.	12 x 12 = ____
9.	9 x 5 = ____	34.	7 x 7 = ____
10.	11 x 7 = ____	35.	9 x 6 = ____
11.	4 x 4 = ____	36.	2 x 9 = ____
12.	3 x 7 = ____	37.	8 x 9 = ____
13.	4 x 6 = ____	38.	8 x 12 = ____
14.	9 x 4 = ____	39.	4 x 0 = ____
15.	10 x 10 = ____	40.	11 x 8 = ____
16.	11 x 0 = ____	41.	12 x 7 = ____
17.	12 x 1 = ____	42.	5 x 5 = ____
18.	3 x 9 = ____	43.	8 x 7 = ____
19.	2 x 12 = ____	44.	4 x 11 = ____
20.	2 x 7 = ____	45.	10 x 11 = ____
21.	3 x 3 = ____	46.	8 x 6 = ____
22	7 x 8 = ____	47.	5 x 12 = ____
23.	4 x 8 = ____	48.	9 x 7 = ____
24.	11 x 11 = ____	49.	6 x 7 = ____
25.	12 x 6 = ____	50.	9 x 8 = ____

Your Score: ____________

SERIES

FOCUS

Date: ____________

Name: ____________

Level EE **Not so Easy**

1.	6 X 2 = ____	26.	6 x 9 = ____
2.	2 x 5 = ____	27.	4 x 7 = ____
3.	7 x 3 = ____	28.	6 x 8 = ____
4.	6 x 4 = ____	29.	12 x 9 = ____
5.	6 x 3 = ____	30.	3 x 12 = ____
6.	4 x 2 = ____	31.	12 x 4 = ____
7.	4 x 5 = ____	32.	9 x 9 = ____
8.	6 x 5 = ____	33.	12 x 12 = ____
9.	9 x 5 = ____	34.	7 x 7 = ____
10.	11 x 7 = ____	35.	9 x 6 = ____
11.	4 x 4 = ____	36.	2 x 9 = ____
12.	3 x 7 = ____	37.	8 x 9 = ____
13.	4 x 6 = ____	38.	8 x 12 = ____
14.	9 x 4 = ____	39.	4 x 0 = ____
15.	10 x 10 = ____	40.	11 x 8 = ____
16.	11 x 0 = ____	41.	12 x 7 = ____
17.	12 x 1 = ____	42.	5 x 5 = ____
18.	3 x 9 = ____	43.	8 x 7 = ____
19.	2 x 12 = ____	44.	4 x 11 = ____
20.	2 x 7 = ____	45.	10 x 11 = ____
21.	3 x 3 = ____	46.	8 x 6 = ____
22	7 x 8 = ____	47.	5 x 12 = ____
23.	4 x 8 = ____	48.	9 x 7 = ____
24.	11 x 11 = ____	49.	6 x 7 = ____
25.	12 x 6 = ____	50.	9 x 8 = ____

Your Score: ____________

SERIES

TIMES TABLE CHALLENGE – © World Teachers Press® – 34

FOCUS

Date: ____________

Name: ____________

Level FF **Getting Tricky**

1.	5 x 9 = ____	26.	3 x 3 x 5 = ____
2.	4 x 4 = ____	27.	8 x 5 = ____
3.	2 x 3 x 2 = ____	28.	11 x 5 = ____
4.	3 x 5 = ____	29.	3 x 7 = ____
5.	2 x 4 = ____	30.	8 x 0 = ____
6.	10 x 6 = ____	31.	3 x 4 x 2 = ____
7.	3 x 3 x 2 = ____	32.	4 x 9 = ____
8.	4 x 8 = ____	33.	7 x 6 = ____
9.	2 x 2 = ____	34.	5 x 5 = ____
10.	3 x 4 = ____	35.	3 x 2 x 6 = ____
11.	3 x 3 x 3 = ____	36.	10 x 3 = ____
12.	5 x 2 = ____	37.	7 x 7 = ____
13.	3 x 9 = ____	38.	6 x 9 = ____
14.	3 x 2 x 4 = ____	39.	11 x 8 = ____
15.	6 x 6 = ____	40.	5 x 2 x 8 = ____
16.	4 x 5 = ____	41.	4 x 6 = ____
17.	10 x 10 = ____	42.	11 x 3 = ____
18.	4 x 2 x 4 = ____	43.	8 x 6 = ____
19.	9 x 4 = ____	44.	4 x 3 x 2 = ____
20.	7 x 8 = ____	45.	8 x 8 = ____
21.	6 x 4 = ____	46.	3 x 9 = ____
22	3 x 3 x 4 = ____	47.	10 x 0 = ____
23.	3 x 8 = ____	48.	2 x 4 x 4 = ____
24.	4 x 7 = ____	49.	9 x 11 = ____
25.	6 x 8 = ____	50.	7 x 8 = ____

SERIES

Your Score: ____________

FOCUS

Date: ____________

Name: ____________

Level FF Getting Tricky

1. 5 x 9 = ____ 26. 3 x 3 x 5 = ____
2. 4 x 4 = ____ 27. 8 x 5 = ____
3. 2 x 3 x 2 = ____ 28. 11 x 5 = ____
4. 3 x 5 = ____ 29. 3 x 7 = ____
5. 2 x 4 = ____ 30. 8 x 0 = ____
6. 10 x 6 = ____ 31. 3 x 4 x 2 = ____
7. 3 x 3 x 2 = ____ 32. 4 x 9 = ____
8. 4 x 8 = ____ 33. 7 x 6 = ____
9. 2 x 2 = ____ 34. 5 x 5 = ____
10. 3 x 4 = ____ 35. 3 x 2 x 6 = ____
11. 3 x 3 x 3 = ____ 36. 10 x 3 = ____
12. 5 x 2 = ____ 37. 7 x 7 = ____
13. 3 x 9 = ____ 38. 6 x 9 = ____
14. 3 x 2 x 4 = ____ 39. 11 x 8 = ____
15. 6 x 6 = ____ 40. 5 x 2 x 8 = ____
16. 4 x 5 = ____ 41. 4 x 6 = ____
17. 10 x 10 = ____ 42. 11 x 3 = ____
18. 4 x 2 x 4 = ____ 43. 8 x 6 = ____
19. 9 x 4 = ____ 44. 4 x 3 x 2 = ____
20. 7 x 8 = ____ 45. 8 x 8 = ____
21. 6 x 4 = ____ 46. 3 x 9 = ____
22 3 x 3 x 4 = ____ 47. 10 x 0 = ____
23. 3 x 8 = ____ 48. 2 x 4 x 4 = ____
24. 4 x 7 = ____ 49. 9 x 11 = ____
25. 6 x 8 = ____ 50. 7 x 8 = ____

SERIES

Your Score: ____________

TIMES TABLE CHALLENGE - © World Teachers Press® - 35

FOCUS

Date: ____________

Name: ____________

Level GG — This is Tricky

1. 3 x 7 = ____	26. 5 x 6 = ____
2. 6 x 2 = ____	27. 3 x 2 x 7 = ____
3. 4 x 5 = ____	28. 11 x 11 = ____
4. 2 x 2 x 2 = ____	29. 5 x 2 x 5 = ____
5. 6 x 3 = ____	30. 8 x 6 = ____
6. 5 x 2 = ____	31. 5 x 5 = ____
7. 3 x 5 = ____	32. 7 x 8 = ____
8. 9 x 2 = ____	33. 3 x 3 x 4 = ____
9. 3 x 2 x 2 = ____	34. 6 x 9 = ____
10. 7 x 0 = ____	35. 7 x 7 = ____
11. 10 x 10 = ____	36. 3 x 3 x 5 = ____
12. 6 x 2 x 0 = ____	37. 4 x 7 = ____
13. 4 x 3 = ____	38. 10 x 8 = ____
14. 4 x 2 = ____	39. 0 x 9 = ____
15. 8 x 5 = ____	40. 4 x 8 = ____
16. 4 x 4 = ____	41. 9 x 9 = ____
17. 3 x 6 = ____	42. 2 x 2 x 7 = ____
18. 5 x 9 = ____	43. 5 x 10 = ____
19. 3 x 2 x 4 = ____	44. 2 x 3 x 4 = ____
20. 6 x 6 = ____	45. 8 x 8 = ____
21. 11 x 5 = ____	46. 11 x 10 = ____
22 1 x 1 x 1 = ____	47. 2 x 2 x 4 = ____
23. 4 x 9 = ____	48. 4 x 2 x 7 = ____
24. 6 x 7 = ____	49. 3 x 3 x 6 = ____
25. 9 x 3 = ____	50. 4 x 3 = ____

Your Score: ____________

SERIES

FOCUS

Date: ____________

Name: ____________

Level GG — This is Tricky

1. 3 x 7 = ____	26. 5 x 6 = ____
2. 6 x 2 = ____	27. 3 x 2 x 7 = ____
3. 4 x 5 = ____	28. 11 x 11 = ____
4. 2 x 2 x 2 = ____	29. 5 x 2 x 5 = ____
5. 6 x 3 = ____	30. 8 x 6 = ____
6. 5 x 2 = ____	31. 5 x 5 = ____
7. 3 x 5 = ____	32. 7 x 8 = ____
8. 9 x 2 = ____	33. 3 x 3 x 4 = ____
9. 3 x 2 x 2 = ____	34. 6 x 9 = ____
10. 7 x 0 = ____	35. 7 x 7 = ____
11. 10 x 10 = ____	36. 3 x 3 x 5 = ____
12. 6 x 2 x 0 = ____	37. 4 x 7 = ____
13. 4 x 3 = ____	38. 10 x 8 = ____
14. 4 x 2 = ____	39. 0 x 9 = ____
15. 8 x 5 = ____	40. 4 x 8 = ____
16. 4 x 4 = ____	41. 9 x 9 = ____
17. 3 x 6 = ____	42. 2 x 2 x 7 = ____
18. 5 x 9 = ____	43. 5 x 10 = ____
19. 3 x 2 x 4 = ____	44. 2 x 3 x 4 = ____
20. 6 x 6 = ____	45. 8 x 8 = ____
21. 11 x 5 = ____	46. 11 x 10 = ____
22 1 x 1 x 1 = ____	47. 2 x 2 x 4 = ____
23. 4 x 9 = ____	48. 4 x 2 x 7 = ____
24. 6 x 7 = ____	49. 3 x 3 x 6 = ____
25. 9 x 3 = ____	50. 4 x 3 = ____

Your Score: ____________

SERIES

TIMES TABLE CHALLENGE – © World Teachers Press® – 36

FOCUS

Date: ____________

Name: ____________

Level HH **Almost Extreme**

1. 2 x 2 x 2 = ____
2. 7 x 3 = ____
3. 3 x 3 x 3 = ____
4. 4 x 8 = ____
5. 3 x 6 x 4 = ____
6. 2 x 5 x 3 = ____
7. 4 x 7 x 2 = ____
8. 2 x 6 x 4 = ____
9. 3 x 2 x 3 = ____
10. 4 x 9 = ____
11. 10 x 10 = ____
12. 9 x 0 x 2 = ____
13. 4 x 1 = ____
14. 6 x 6 x 2 = ____
15. 7 x 4 x 3 = ____
16. 3 x 9 = ____
17. 2 x 2 x 3 = ____
18. 4 x 2 x 2 = ____
19. 3 x 4 x 3 = ____
20. 6 x 8 = ____
21. 7 x 7 = ____
22 6 x 4 x 2 = ____
23. 1 x 1 x 12 = ____
24. 1 x 10 x 5 = ____
25. 3 x 9 x 4 = ____
26. 3 x 12 x 4 = ____
27. 11 x 5 x 2 = ____
28. 6 x 6 = ____
29. 11 x 3 x 3 = ____
30. 8 x 7 = ____
31. 11 x 10 = ____
32. 11 x 3 x 4 = ____
33. 5 x 5 = ____
34. 2 x 1 x 1 = ____
35. 10 x 4 x 3 = ____
36. 8 x 5 = ____
37. 9 x 4 x 3 = ____
38. 12 x 6 x 2 = ____
39. 2 x 0 x 2 = ____
40. 4 x 6 x 3 = ____
41. 9 x 9 = ____
42. 2 x 7 = ____
43. 8 x 2 x 2 = ____
44. 7 x 3 x 2 = ____
45. 4 x 6 = ____
46. 2 x 9 x 5 = ____
47. 5 x 8 x 2 = ____
48. 10 x 1 x 10 = ____
49. 6 x 3 x 4 = ____
50. 4 x 8 x 3 = ____

Your Score: ____________

SERIES

FOCUS

Date: ____________

Name: ____________

Level HH Almost Extreme

1. 2 x 2 x 2 = ____
2. 7 x 3 = ____
3. 3 x 3 x 3 = ____
4. 4 x 8 = ____
5. 3 x 6 x 4 = ____
6. 2 x 5 x 3 = ____
7. 4 x 7 x 2 = ____
8. 2 x 6 x 4 = ____
9. 3 x 2 x 3 = ____
10. 4 x 9 = ____
11. 10 x 10 = ____
12. 9 x 0 x 2 = ____
13. 4 x 1 = ____
14. 6 x 6 x 2 = ____
15. 7 x 4 x 3 = ____
16. 3 x 9 = ____
17. 2 x 2 x 3 = ____
18. 4 x 2 x 2 = ____
19. 3 x 4 x 3 = ____
20. 6 x 8 = ____
21. 7 x 7 = ____
22 6 x 4 x 2 = ____
23. 1 x 1 x 12 = ____
24. 1 x 10 x 5 = ____
25. 3 x 9 x 4 = ____
26. 3 x 12 x 4 = ____
27. 11 x 5 x 2 = ____
28. 6 x 6 = ____
29. 11 x 3 x 3 = ____
30. 8 x 7 = ____
31. 11 x 10 = ____
32. 11 x 3 x 4 = ____
33. 5 x 5 = ____
34. 2 x 1 x 1 = ____
35. 10 x 4 x 3 = ____
36. 8 x 5 = ____
37. 9 x 4 x 3 = ____
38. 12 x 6 x 2 = ____
39. 2 x 0 x 2 = ____
40. 4 x 6 x 3 = ____
41. 9 x 9 = ____
42. 2 x 7 = ____
43. 8 x 2 x 2 = ____
44. 7 x 3 x 2 = ____
45. 4 x 6 = ____
46. 2 x 9 x 5 = ____
47. 5 x 8 x 2 = ____
48. 10 x 1 x 10 = ____
49. 6 x 3 x 4 = ____
50. 4 x 8 x 3 = ____

Your Score: ____________

SERIES

TIMES TABLE CHALLENGE - © World Teachers Press® - 37

FOCUS

Date: ____________

Name: ____________

Level II — This is Extreme

1. 3 x 3 x 3 = ____	26. 12 x 2 x 5 = ____
2. 4 x 5 x 1 = ____	27. 11 x 3 x 4 = ____
3. 1 x 1 x 1 = ____	28. 6 x 12 x 2 = ____
4. 6 x 1 x 2 = ____	29. 3 x 8 x 3 = ____
5. 4 x 2 x 2 = ____	30. 4 x 8 x 3 = ____
6. 2 x 3 x 4 = ____	31. 6 x 8 x 2 = ____
7. 2 x 3 x 3 = ____	32. 3 x 7 x 3 = ____
8. 3 x 8 x 4 = ____	33. 5 x 1 x 11 = ____
9. 4 x 2 x 4 = ____	34. 2 x 10 x 2 = ____
10. 3 x 5 x 3 = ____	35. 5 x 3 x 4 = ____
11. 2 x 7 x 5 = ____	36. 3 x 6 x 3 = ____
12. 8 x 0 x 0 = ____	37. 7 x 4 x 3 = ____
13. 3 x 6 x 4 = ____	38. 11 x 4 x 3 = ____
14. 2 x 7 x 2 = ____	39. 5 x 6 x 2 = ____
15. 2 x 9 x 5 = ____	40. 6 x 4 x 2 = ____
16. 11 x 5 x 2 = ____	41. 9 x 3 x 4 = ____
17. 6 x 3 x 3 = ____	42. 3 x 4 x 3 = ____
18. 3 x 5 x 2 = ____	43. 3 x 7 x 4 = ____
19. 9 x 4 x 3 = ____	44. 9 x 3 x 3 = ____
20. 2 x 6 x 4 = ____	45. 12 x 3 x 3 = ____
21. 2 x 2 x 2 = ____	46. 6 x 4 x 3 = ____
22. 2 x 9 x 3 = ____	47. 7 x 6 x 2 = ____
23. 2 x 8 x 3 = ____	48. 8 x 9 x 1 = ____
24. 11 x 2 x 5 = ____	49. 10 x 4 x 3 = ____
25. 11 x 1 x 11 = ____	50. 9 x 2 x 6 = ____

Your Score: ____________

SERIES

FOCUS

Date: ____________

Name: ____________

Level II — This is Extreme

1. 3 x 3 x 3 = ____ 26. 12 x 2 x 5 = ____
2. 4 x 5 x 1 = ____ 27. 11 x 3 x 4 = ____
3. 1 x 1 x 1 = ____ 28. 6 x 12 x 2 = ____
4. 6 x 1 x 2 = ____ 29. 3 x 8 x 3 = ____
5. 4 x 2 x 2 = ____ 30. 4 x 8 x 3 = ____
6. 2 x 3 x 4 = ____ 31. 6 x 8 x 2 = ____
7. 2 x 3 x 3 = ____ 32. 3 x 7 x 3 = ____
8. 3 x 8 x 4 = ____ 33. 5 x 1 x 11 = ____
9. 4 x 2 x 4 = ____ 34. 2 x 10 x 2 = ____
10. 3 x 5 x 3 = ____ 35. 5 x 3 x 4 = ____
11. 2 x 7 x 5 = ____ 36. 3 x 6 x 3 = ____
12. 8 x 0 x 0 = ____ 37. 7 x 4 x 3 = ____
13. 3 x 6 x 4 = ____ 38. 11 x 4 x 3 = ____
14. 2 x 7 x 2 = ____ 39. 5 x 6 x 2 = ____
15. 2 x 9 x 5 = ____ 40. 6 x 4 x 2 = ____
16. 11 x 5 x 2 = ____ 41. 9 x 3 x 4 = ____
17. 6 x 3 x 3 = ____ 42. 3 x 4 x 3 = ____
18. 3 x 5 x 2 = ____ 43. 3 x 7 x 4 = ____
19. 9 x 4 x 3 = ____ 44. 9 x 3 x 3 = ____
20. 2 x 6 x 4 = ____ 45. 12 x 3 x 3 = ____
21. 2 x 2 x 2 = ____ 46. 6 x 4 x 3 = ____
22. 2 x 9 x 3 = ____ 47. 7 x 6 x 2 = ____
23. 2 x 8 x 3 = ____ 48. 8 x 9 x 1 = ____
24. 11 x 2 x 5 = ____ 49. 10 x 4 x 3 = ____
25. 11 x 1 x 11 = ____ 50. 9 x 2 x 6 = ____

Your Score: ____________

SERIES

TIMES TABLE CHALLENGE – © World Teachers Press® – 38

TIMES TABLE CHALLENGE

Answers

	A	B	C	D	E	F	G	H	I	J	K	L	M	N	O
1	4	4	9	14	8	12	12	4	60	10	16	4	18	12	70
2	0	0	3	20	0	3	0	9	12	15	0	9	0	4	18
3	8	20	12	0	10	0	20	8	35	0	21	25	16	16	0
4	6	3	8	10	20	6	18	0	14	12	14	70	9	10	40
5	10	0	6	4	12	14	10	14	6	25	28	4	45	10	9
6	6	2	40	10	40	9	6	12	21	0	8	10	36	9	100
7	10	6	15	9	30	12	15	15	0	4	40	20	24	32	20
8	14	10	4	8	15	25	24	10	36	24	70	12	40	55	27
9	5	8	30	21	4	50	40	18	18	14	56	32	90	16	90
10	20	30	20	40	50	27	30	8	70	4	32	0	0	27	30
11	6	9	12	18	35	30	50	30	24	16	80	24	27	36	36
12	8	12	18	16	16	16	55	24	28	27	48	8	80	16	54
13	9	0	16	24	24	2	6	30	49	10	24	60	32	36	72
14	4	12	21	18	25	10	35	36	48	40	42	12	63	60	45
15	12	8	24	12	40	16	25	6	7	9	72	77	64	42	81
16	7	16	27	24	28	24	36	16	21	24	63	14	45	25	50
17	18	24	28	32	45	20	45	40	42	66	56	21	81	24	63
18	1	12	24	3	5	21	48	27	63	32	35	72	48	77	60
19	2	15	36	8	36	12	5	42	24	42	49	18	8	40	0
20	16	18	21	30	20	7	0	28	0	24	8	1	88	36	70
21	8	6	32	16	28	18	54	21	54	7	7	18	72	72	90
22	0	14	20	28	45	40	60	32	0	18	64	16	54	99	10
23	4	21	15	27	32	15	42	24	7	49	16	24	0	28	99
24	6	27	18	14	60	18	24	54	30	70	0	48	32	49	110
25	14	18	32	8	8	28	18	18	56	54	88	50	56	48	80
26	11	24	33	15	44	44	55	40	77	35	84	36	72	60	36
27	18	16	0	20	40	20	12	16	0	18	63	56	54	56	9
28	0	27	44	12	55	45	30	0	54	36	40	0	99	0	72
29	22	18	36	20	0	8	20	44	66	32	0	84	40	18	110
30	7	15	24	33	12	60	40	24	30	54	96	72	56	64	27
31	12	14	27	0	15	24	66	48	48	24	72	24	32	63	50
32	24	20	36	2	36	22	72	21	72	48	42	12	96	48	108
33	0	33	0	6	48	24	10	24	84	16	48	40	9	81	20
34	16	21	8	48	40	12	60	35	42	30	35	63	90	6	54
35	0	30	6	44	50	48	48	72	35	77	70	96	24	84	45
36	11	10	0	22	60	9	0	12	14	20	24	42	108	72	18
37	10	18	40	36	4	36	54	48	84	28	84	16	0	88	63
38	22	12	48	24	5	55	50	54	28	72	77	88	8	108	120
39	0	33	36	12	35	18	5	28	6	63	0	64	56	90	0
40	3	24	44	0	0	20	60	50	72	55	21	0	48	32	99
41	9	0	24	4	48	36	45	36	60	36	88	24	63	96	60
42	12	22	30	32	30	0	35	33	63	45	80	60	96	81	40
43	8	24	4	1	55	32	66	32	12	48	28	63	99	24	54
44	10	2	0	24	44	27	0	3	77	6	14	49	80	64	0
45	3	6	48	11	60	40	72	60	72	84	96	66	18	72	120
46	2	36	28	27	50	4	42	18	70	1	7	48	108	56	30
47	0	24	33	36	32	5	15	55	56	36	96	36	16	33	63
48	20	22	3	22	10	36	24	4	18	60	77	28	36	63	10
49	12	36	48	21	0	28	42	36	66	0	32	54	88	36	80
50	24	3	36	16	24	30	60	42	84	56	84	96	96	108	108

TIMES TABLE

Answers

	P	Q	R	S	T	AA	BB	CC	DD	EE	FF	GG	HH	II
1	16	99	9	24	12	6	8	9	14	12	45	21	8	27
2	12	40	9	33	30	0	14	18	3	10	16	12	21	20
3	5	33	14	0	4	4	0	15	16	21	12	20	27	1
4	9	50	12	36	24	9	10	2	15	24	15	8	32	12
5	8	11	50	60	8	8	8	12	20	18	8	18	72	16
6	7	20	77	12	35	7	70	20	6	8	60	10	30	24
7	0	44	100	77	0	4	6	21	40	20	18	15	56	18
8	45	10	6	48	25	12	16	30	18	30	32	18	48	96
9	10	30	21	99	28	10	18	10	0	45	4	12	18	32
10	24	88	16	55	1	16	20	4	18	77	12	0	36	45
11	16	60	27	84	18	10	12	35	0	16	27	100	100	70
12	30	55	24	22	16	12	27	18	9	21	10	0	0	0
13	3	80	4	110	36	15	10	5	5	24	27	12	4	72
14	32	66	24	11	20	60	18	16	35	36	24	8	72	28
15	24	70	40	72	16	18	100	40	25	100	36	40	84	90
16	77	22	36	44	35	2	9	12	18	0	20	16	27	110
17	15	80	18	96	22	20	30	30	32	12	100	18	12	54
18	28	60	28	0	27	40	28	0	21	27	32	45	16	30
19	6	77	6	88	14	0	36	49	100	24	36	24	36	108
20	80	10	32	120	40	33	21	27	24	14	56	36	48	48
21	44	66	15	0	9	18	4	24	45	9	24	55	49	8
22	49	100	8	96	70	10	55	45	64	56	36	1	48	54
23	4	20	49	66	132	30	24	16	48	32	24	36	12	48
24	88	50	18	108	24	14	0	48	42	121	28	42	50	110
25	36	0	121	11	100	16	24	28	110	72	48	27	108	121
26	64	110	132	84	49	12	90	56	0	54	45	30	144	120
27	100	11	25	22	32	22	24	36	28	28	40	42	110	132
28	60	132	63	144	6	55	32	70	99	48	55	121	36	144
29	110	70	11	33	4	0	16	54	80	108	21	50	99	72
30	54	22	20	132	36	20	18	14	4	36	0	48	56	96
31	21	77	48	44	40	10	12	55	24	48	24	25	110	96
32	18	0	45	110	54	44	25	8	56	81	36	56	132	63
33	42	121	30	66	121	16	35	36	22	144	42	36	25	55
34	24	90	0	121	20	50	24	24	12	49	25	54	2	40
35	120	0	42	120	21	9	3	25	40	54	36	49	120	60
36	25	40	64	55	0	6	88	63	81	18	30	45	40	54
37	36	90	36	36	64	12	0	10	48	72	49	28	108	84
38	72	120	42	12	77	15	22	40	49	96	54	80	144	132
39	35	30	56	99	28	6	10	24	16	0	88	0	0	60
40	12	55	81	24	108	18	16	32	0	88	80	32	72	48
41	20	120	70	0	56	16	24	1	24	84	24	81	81	108
42	63	33	16	60	10	30	40	42	56	25	33	28	14	36
43	18	132	96	88	81	8	36	0	30	56	48	50	32	84
44	48	44	132	48	48	20	45	30	88	44	24	24	42	81
45	0	99	54	72	36	14	20	8	63	110	64	64	24	108
46	40	110	10	132	132	18	25	36	36	48	27	110	90	72
47	96	0	72	96	15	0	28	44	24	60	0	16	80	84
48	99	88	21	77	144	30	21	21	54	63	32	56	100	72
49	84	44	36	84	96	25	36	24	32	42	99	54	72	120
50	56	132	72	108	63	12	35	42	72	72	56	12	96	108

CHALLENGE